오늘이 깃든 한옥

ⓒ 원오원 팩토리 / 김인철

목차

3	발간사	오늘이 깃든 옛집, 한옥 신연균
5	머릿글	한옥, 영원한 현대 건축 김봉렬
7	들어가며	살아 있는 오늘의 한옥을 위해
10	경주 배동 한옥	풍경을 담기 위한 집
34	동락당	현대 한옥, 고정관념을 깨면 답이 있다
52	화동재	검소하지만 누추하지 않고, 화려하지만 사치스럽지 않은
66	글로 짓는 집 ① 터, 땅의 깨달음	
72	반계 윤웅렬 별서	100년 전 한옥에서 오늘의 한옥으로
92	만우 조홍제 생가	검박하고 실용적인 집이 아름답다
110	글로 짓는 집 ② 바닥, 디디어 오르다	
116	아름지기 사옥 한옥	'지금, 여기'의 한옥
134	현대중공업 영빈관	현대 한옥의 품격
152	글로 짓는 집 ③ 지붕, 해를 가리다	

158	돈의문박물관마을 한옥 유스호스텔	현대 집합 건축으로서의 가능성을 모색하다
174	한국궁중꽃박물관 비해당	한옥, 연결하고 확장되다
188	피츠버그대학 배움의 전당 내 한국관	성균관 경륜당을 모티프로 한 '집 속의 집'
200	글로 짓는 집 ④ 쿤, 소통하는 경계	
206	원불교 원남교당 인혜원	기능으로 채운 오늘의 한옥, 작지만 모자람이 없다
224	창원재사	전통을 해석하고 현대를 담다
238	무중원	삶과 죽음을 잇는 공간
252	글로 짓는 집 ⑤ 오늘의 한옥을 이야기하다	
258	부록	온지음 집공방의 한옥에 숨은 기술들 온지음 집공방의 한옥에 쓰이는 자재들
266	인덱스	

오늘이 깃든 옛집, 한옥

온지음 집공방의 첫 책 <오늘이 깃든 한옥>의 출간을 진심으로 기쁘게 생각합니다.

온지음은 우리 전통 문화의 가치와 정신을 창의적으로 계승하여 올바르게 내일로 잇기 위한 전통문화연구소로 처음 문을 열었습니다. 전통문화 가운데서도 의식주에 담긴 선대의 지혜와 아름다움, 철학을 연구하고 발전시키고자 한복을 짓는 옷공방, 한식을 짓는 맛공방, 한옥을 짓는 집공방을 만들어, 전문적인 연구와 교육을 통해 장인들을 양성하고 있습니다. 각 공방의 장인들은 자신의 분야뿐만 아니라 인문학 공부를 바탕으로 서로 교류하고 협업하면서, 겹눈을 가진 전문가로서 창의적인 결과물들을 꾸준히 내오고 있습니다.

<오늘이 깃든 한옥>은 그 가운데서도 집공방이 작업해 온 결과물들을 선별해 엮은 책으로, 전통 건축을 복원하고 재현하는 데 그치지 않고, 이 시대에 맞는 오늘의 한옥을 제시하며 한옥의 다양한 가능성을 보여 주고 있습니다. 현대의 주거문화가 요구하는 것들에 적극적으로 답을 찾아가며 한옥에 대한 편견들을 하나하나 잠식시켜가는 동시에, 온지음 집공방이 지향하는 한옥의 미학을 점점 더 첨예하게 다듬어 가는 과정이 여기 실린 집들에 오롯이 담겨 있습니다.

집은 삶을 담는 그릇이라고 생각합니다. 집을 짓는다는 것은 그저 자재를 쌓아 올려 어떤 물성을 만드는 것이 아니라, 그 안에서 살아가는 삶을 디자인하는 일일 것입니다. 집공방이 만드는 오늘의 한옥도 마찬가지입니다. 옛집의 형식을 하고 있지만, 오늘의 삶을 담는 데 주저함이 없는 것도 그런 이유일 것입니다.

집이 더 이상 집으로만 쓰이지 않는 오늘날, 한옥은 삶을 담는 그릇으로서 집의 의미와 품격에 대해 생각하게 합니다. 수백 년 전에 지어져 잘 관리된 한옥들을 보면 세월의 손때로 자연스러운 나뭇결이 드러나고, 깊이 있는 색과 은은한 광택을 머금고 있습니다. 오랜 시간 나무가 건조되어 오히려 견고하고 뒤틀림도 덜하다고 합니다. 시간과 함께 품격이 더해가는 옛 한옥들을 보며, 집공방이 만든 오늘의 한옥이 훗날 어떤 모습으로 이 땅에 서 있을지 내심 기대가 됩니다.

올해는 온지음 집공방이 첫발을 내디딘 지 꼭 10년이 되는 해이자, 집공방을 진두지휘하시는 김봉렬 총장님이 오래 몸담고 계시던 한국예술종합학교에서 정년퇴임하시는 해이기도 합니다. 총장님께서는 만감이 교차하시리라 생각됩니다만 온지음으로서는 건축가이자 건축학자로서 한국 전통 건축을 이론적으로 정립하고 이 시대의 한옥을 직접 구현해오신 김봉렬 총장님께서 이제 온전히 집공방의 수장으로서 보여주실 활약에 기쁘고 설렌다고 하면 실례가 될까요.

'바르고 온전하게 짓는다'는 뜻의 온지음이라는 이름도 조직을 구상할 때 김봉렬 총장님이 지어주신 이름입니다. 우리 온지음의 역할과 방향성을 잘 담은 쉽고 근사한 이름을 선물해 주시고, 온지음의 성장을 위해 들이신 노고에 지면을 빌려 다시 한번 감사의 마음을 전합니다. 아울러 그동안 성실한 연구와 창의성으로 멋진 한옥들을 보여준 집공방 연구원 여러분에게도 감사와 축하의 마음을 전합니다.

온지음 집공방의 지난 10년간 성과와 김봉렬 총장님의 퇴임을 기념하는 이 책이 출사표가 되어 앞으로 우리 한옥을 더욱 풍부하게 제시해주기를 기대해 봅니다.

온지음 운영위원장 신연균

한옥, 영원한 현대 건축

언젠가 한옥을 '정신을 풍요롭게 하는 집'이라고 정의한 적이 있다. 개발 시대의 우리 사회는 집이란 살기 편하고, 보기 멋지며, 튼튼하면 좋은 거라고 암묵적으로 합의했다. 대단지 아파트와 초고층 주상복합은 이 세 조건에 시장성까지 만족하니 여전히 선망의 대상이다. 그러나 인간은 육체와 정신으로 이루어진 복합적인 존재다. 물질적 만족과 육체적 안락에 더해 이제는 정신이 풍요로워야 하지 않은가? 그래서 한옥은 건축의 또 다른 완성이다.

장밋빛 미래를 꿈꿨던 대학원 시절, 인생의 건축 —경주의 관가정이라는 집을 만났다. 450년의 나이를 훌쩍 넘은 집이지만 내게는 대단한 현대 건축으로 다가왔다. 비움과 채움의 뚜렷한 구성, 단순한 전체와 복합적인 부분의 통합, 구조와 공간의 상관성 등. 책을 통해 피상적으로 외웠던 현대 건축의 원리는 생생한 실체로 펼쳐졌다. 한옥에 대한 기초적 배움조차 없었던 내게 관가정은 박제화된 한옥이 아니라 현대 건축 중에서도 뛰어난 존재였다. 전국의 한옥을 찾아다니며 더욱 다양한 집들을 만날수록 더 많은 깨달음에 감사하게 되었다. 세상이 놀랄 만한 최고의 건축가가 되겠다는 꿈을 접고, 한국 건축과 한옥을 공부하며 그 깨달음을 전파하는 데 소명을 두었다. 관가정을 만난 후 20년 동안 답사와 연구와 저술에 몰두했다.

어설프게 한국 건축의 전문가로 알려졌을 때, 우연 반, 필연 반 한옥 한 채의 설계를 의뢰받았다. 조선시대의 건축가로 돌아가 창의적인 집을 만들라는 주문이었다. 지극히 전통적 구조와 공법을 따르되 과거에 없던 창작 한옥을 원한다는 의뢰였다. 최초의 한옥 작품 '화동재'는 그렇게 탄생했다. 냉방 설비는 물론이고 외벽 보온도 지붕 방수도 생략된 집이다. 오로지 관가정에서 배운 구성과 통합과 상관성을 구현한 집이다. 그 결과 겨울에 춥고 장마철엔 무덥지만 정신은 풍요로운 집이 되었다.

비슷한 시기에 의뢰받은 울산 '현대중공업 영빈관'은 한옥의 물리적 기능에도 중점을 둔 작품이다. 냉난방 설비는 물론 간접 조명과 외벽 보온도 완비했다. 한식 목구조의 노출미를 훼손하지 않도록 모든 설비는 철저하게 감춰져야 했다. 서까래와 기와 사이에 보온재와 방수 필름을 계획했는데 공사 실무자들의 우려와 반대에 부딪혔다. 당시로서는 한옥에 새롭게 시도하는 혁신적인 공법이었기 때문이다. 실무적 우려에도 불구하고 현재는 매우 일반화된 공법이 되었다. 가장 문제는 창호였다. 창호지를 붙인 한식 살창은 한옥의 미학적 꽃봉오리지만 보온과 보완 성능은 거의 없는 존재다. 당시 국내에는 한식 시스템 창호는 물론이고 쓸 만한 목조 시스템 창호도 없었다. 전 세계를 수소문한 끝에 덴마크에서 수입한 목재 시스템 창호에 한식 창살을 덧붙여 창호 문제를 해결했다. 이후에 이건창호 경영진을 설득해 초의 한식 시스템 창호 '예담창호'를 공동 개발하기에 이르렀다. 직접 한옥을 설계해보지 않았다면 한식 시스템 창호에 대한 필요를 몰랐을 것이고 예담창호 발명도 없었을 것이다.

아모레퍼시픽 기업 추모관 장원재사는 누각형의 한옥건물과 ㄷ자 현대건물을 복합한 실험이었다. 더욱 다양한 현대 한옥의 실험은 전통문화연구소 온지음을 설립하고 집공방에 참여하면서 가능해졌다. 연구소 측의 든든한 후원과 실력 있는 연구원들의 팀워크 때문이었다. '비해당'은 한옥과 현대 건물 복합에 더해 지하 공간에 한옥을 집어넣는 '집 속의 집'을 만든 경우다. '피츠버그대학교 한국실'은 미국적 뼈대 안에 한옥을 지었고, 해외에 한옥을 구현한 소중한 경험이 되었다. 함안 만우생가는 오래된 한옥을 해체하고 하부 구조를 보강한 후 재조립한 '헌 집 같은 새 집'이다. 든의문박물관마을 한옥군은 훼손된 마을의 질서를 복원하고 유형적 한옥의 보급을 시도했다. 동락당은 정통 한옥부와 현대 건축 공간을 하나의 지붕으로 통합에 성공했다. 우리 시대의 건축가 최욱과 협업한 보둔이다. 아름지기 사옥의 한옥과 원불교 원남교당 인혜원은 압도적인 현대 건축과 대비를 이루는 작은 한옥을 병치한 경우다. 두 건물은 김종규와 조민석이라는 당대의 건축가와 협업한 소중한 경험이기도 하다. 무중원은 아예 목조 기둥도 기와지붕도 없는 한옥이다. 한옥에서 얻은 건축적 깨달음을 콘크리트 구조물을 통해 재현했다. 현대 공법과 구조를 통해서도 전통적인 재사 건축의 떠 있는 수평면의 순환구조를 실현할 수 있었다.

늘 "한옥이란 무엇인가, 어디까지 한옥이라 할까?"라는 화두를 안고 왔다. 절대적이고 고정된 답은 없다. 서로운 시도는 새로운 답으로 확대되었다. 한옥은 더욱 편리해지고 새롭게 아름다워졌다. 그러나 아직 시작에 불과하다. 온지음 집공방도 앞으로 새로운 실험을 계속하고 성과를 축적할 것이다. 득조라는 절대적인 재료와 구법도, 기와지붕이라는 절대적 형태와 존재도 사라질 수 있다. 그러나 한옥에서 발견한 보편적 가치와 근본적 깨달음은 더욱 깊이를 더하며 온지음의 정신으로 남을 것이다. 한옥은 정신이 풍요로운 현대 건축이 되리라.

온지음 상임고문 / 집공방장 김봉렬

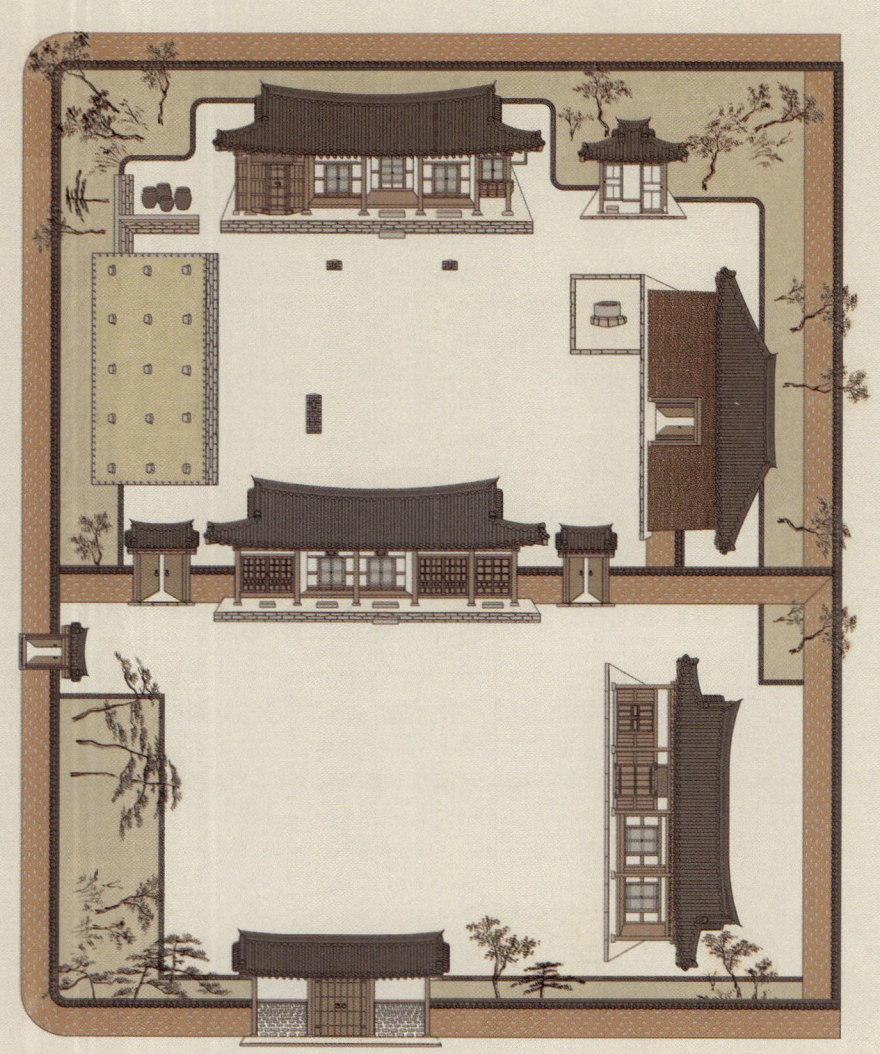

〈만우 조홍제 생가 사방전도〉, 온지음 집공방 작

살아 있는 오늘의 한옥을 위해

사방전도(四方顚倒)는 이름 그대로 네 방향에서 바라본 건물들이 마치 누워 있는 듯한 모습으로 한 화면에 담겨 있는 우리의 옛 건축그림 방식 중 하나입니다. 정면으로 누워 있는 건물이 있는가 하면 옆으로 누워 있는 건물도 있고, 위에서 내려다본 것 같다가도 아래서 올려다본 것 같기도 한 여러 시점이 어떤 규칙을 가지고 혼재해 있습니다. 원근법과 투시법에 익숙한 요즘 사람들이 보기에 조금 단순하고 어색해 보일지도 모르지만, 여기에는 도면 한 장으로는 담기 힘든 우리 전통 건축의 공간 개념과 그 안에서의 경험, 그리고 한옥이라는 목구조 건물을 효과적으로 보여주기 위한 합리적인 의도가 담겨 있습니다. 덕분에 보는 이는 사방전도의 시선을 따라 전통 한옥의 중요한 특징들을 한눈에 살펴볼 수 있습니다.

한국 전통 건축에서는 쓰임에 따라 지은 독립적인 채들이 모여 한 집을 이룹니다. 유교적 질서에 따라 남성들의 공간인 사랑채와 여성들의 공간인 안채가 분리되어, 각각의 마당을 중심으로 건물이 배치됩니다. 대문을 들어서면 집의 가장 핵심 공간인 사랑채를 마주하게 되고, 담 너머 좀 더 내밀한 곳에 안채가 위치합니다.
큰 나무나 풀을 심지 않는 깨끗하고 너른 마당은 집안의 행사가 있을 때면 행사장이 되기도 하고, 장독대와 우물가, 광채가 있는 안마당은 가사 작업장으로, 부엌의 연장이 되기도 합니다. 한옥의 방이 작아도 비좁은 느낌이나 불편함이 없는 것도 방과 대청마루, 마당이 유기적으로 이어지며 안팎의 공간을 유연하게 활용하기 때문입니다. 건물 자체는 주변에서 구할 수 있는 자연 재료를 사용하여 주변 경관과 조화롭게 어울리도록 편안하고 안정감 있게 짓되, 육중한 지붕의 처마선을 올려 맵시 있으면서도 단정한 집을 지었습니다. 무엇보다 이 안에는 겨울을 나기 위한 온돌과 여름을 나기 위한 다루가 공존하고 있습니다.
때로는 화폭 안에 집 뒤로 푸근하게 품어주는 산, 앞으로 펼쳐진 하천과 넓은 평야를 함께 담아 담으로 둘러진 공간뿐만 아니라, 집 주위의 모든 풍경을 집의 영역으로 끌어들입니다.

오랜 시간 삶을 통해 쌓은 선조들의 지혜로 완성된 한옥이지만, 도시 환경이 주가 된 오늘날에도 여전히 이상적인 집이라고 할 수 있을까요? 비싼 땅값, 소음, 먼지, 무엇보다 달라진 가치관과 생활 방식은 한옥이 살아 있는 집이 되기 위해서는 전통 한옥의 지혜에 또 다른 오늘의 지혜를 더해야 한다는 것을 의미합니다.
온지음 집공방의 프로젝트들을 통해 본 오늘의 한옥은 전통 한옥의 미감과 장점을 살리면서도 현대의 라이프 스타일에 맞게 공간을 구성하고, 편리와 안전을 위한 기술을 개발하며 지금도 진화하고 있습니다. 전통 한옥의 구법은 물론, 기술과 공학적인 이해가 바탕이 된 전문 설계를 통해 도심 속 한옥의 기능과 디자인을 제시한 오늘의 한옥들은, 단순히 보존해야 할 문화유산이나 한 번쯤 체험해 보는 것으로 족한 옛집이 아닌, 엄연한 동시대 건축 형식의 하나로서 품격 있는 주거문화를 보여줍니다.

콘크리트로 지어진 높고 매끈한 빌딩들이 촘촘히 들어서 있는 풍경. 효율과 경제적 가치를 최우선 하는 오늘날, 아파트로 대표되는 우리 주거 공간의 풍경입니다. 더 높이, 더 많은 아파트가 서워지는 한편으로 요즘 부쩍 많아진 한옥 카페와 한옥 호텔을 보면서, 마천루 풍경 안에서 살고 있는 우리는 오히려 다른 무언가를 더욱 그리워하고 있는 것은 아닌가 생각하게 됩니다. 은은한 나무 내음과 창호지에 걸러진 부드러운 볕, 고슬고슬 따뜻하고 아늑한 온돌방과 기분 좋게 맨발에 닿는 시원한 대청마루, 그리고 그 간에서 바라보는 풍경들을요. 전통으로의 회귀나 답습이 아닌, 오늘을 살아가는 우리를 위한 살아 있는 한옥. 그리운 감각이 되살아나게 하는 오늘의 한옥으로 여러분을 초대합니다.

풍경을 담기 위한 집

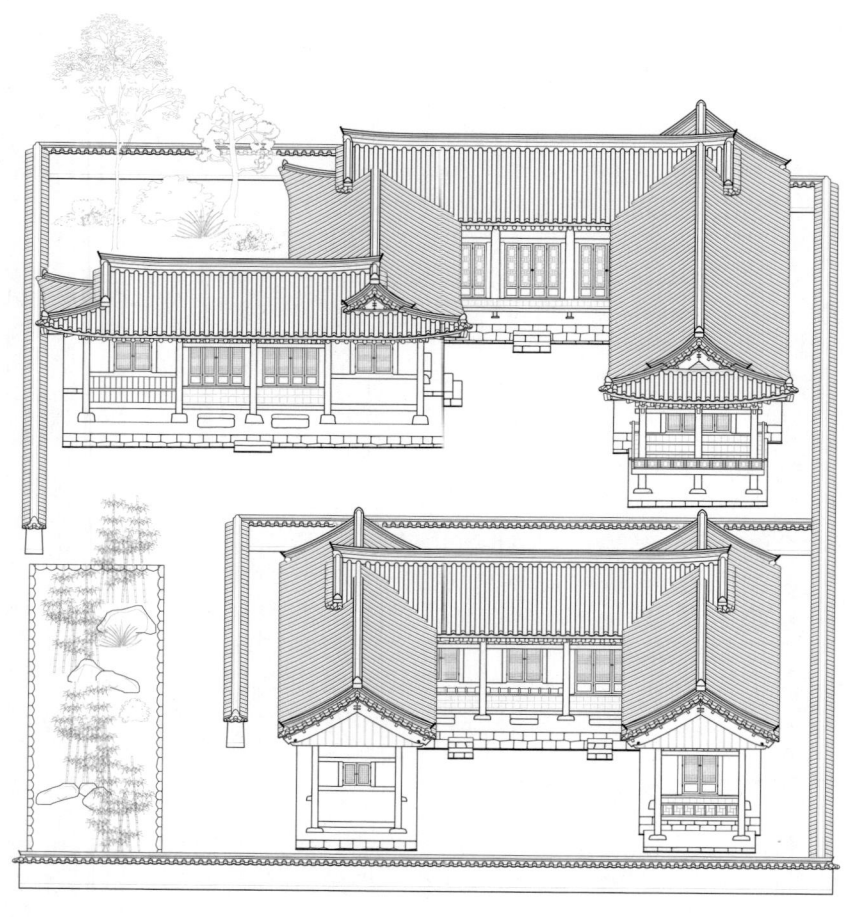

경주 배동 한옥

풍경을 담기 위한 집

산수가 다 내 것이 되다

중국 북송시대 산수화가 곽희의 화론집 <임천고치>에서는 산수화에 담길 만한 이상적인 공간의 조건을 이렇게 이야기하고 있다.

가볼 만한 것(可行者),
멀리 바라볼 만한 것(可望者),
자유로이 노닐어볼 만한 것(可遊者),
살아볼 만한 것(可居者)

동경하는 풍경을 바라보고 그 안에서 거닐고 놀며 살아보고 싶은 욕망은 그림이 되어 어느 집 벽에 걸리게 된다.
    배동 한옥은 가볼 만하고 바라볼 만하고 노닐어볼 만한 곳에서 마침내 살아보기로 하고 지은 집이다. 동경하는 풍경을 평면의 그림이 아닌 입체적인 실체로 담아보기로 한 것이다. 담 밖으로 두른 구불구불 휘어진 소나무 숲은 아침이면 자욱한 안개 사이로 비치며 신비로운 그림이 되기도 했다가, 눈 오는 날이면 하얀 눈과 푸른 나무가 대비를 이루는 풍경화가 되기도 한다. 담과 맞닿은 뒷산과 멀리 앞산으로도 계절에 따라 산수화 같은 자연 풍경이 펼쳐진다. 집주인은 이 풍경들이 너무 근사해서 지인들과 함께 즐기고 싶어 한옥이라는 형식을 선택했다.
    한옥은 풍경을 담는 집이다. '차경(借景)'은 말 그대로 '경치를 빌린다'는 뜻으로, 창이나 문을 통해 외부의 풍경을 자신의 영역 안으로 들여 향유하는 것을 의미한다. 한옥을 이야기할 때 빠지지 않고 등장하는 이 개념에서 한옥의 창과 문은 본래의 역할뿐만 아니라 풍경을 담는 액자가 된다. 한옥이 집의 규모에 비해 창과 문이 많은 이유 중 하나도 계절과 날씨, 시간에 따라 다채롭게 변하는 풍경이 창과 문을 여닫는 대로 펼쳐지며 '내 것'이 되기 때문이다.
    배동 한옥은 천혜의 자연 풍경을 한옥의 차경 개념을 통해 극대화하기 위한 다양한 방식들을 고려하면서, 현대 한옥으로서의 여러 맥락들을 헤아린 흔적이 집 안팎으로 구석구석 들어차 있다.

배동 한옥은 시내와 떨어진 작고 한적한 동네에 있다. 소나무 숲을 이웃한 오래된 동네에는 차 한 대가 겨우 지나다닐 정도의 좁은 골목길을 따라 토박이들의 시골집이 옹기종기 들어서 있다. 배동 한옥은 이 동네의 안쪽 끄트머리, 산 아래 자리 잡았다. 가족뿐만 아니라 지인들과 함께 지내며 즐길 수 있도록 건물은 가족들의 공간인 안채, 지인들을 위한 벗님채, 공용 공간인 어울림채로 나누어 짓고, 이 밖에 집 관리를 위한 관리실과 광채가 더해져 한 집을 이룬다. 여러 채로 나누어진 집은 각 영역의 독립성을 확보하면서 원래의 동네 분위기를 해치지 않도록 서로 다른 담장과 대문을 내서 고샅¹ 형식으로 만들었다. 내부에서는 서로 연결되어 있지만, 외부에서는 동네 골목길처럼 위화감 없이 느껴지도록 고려한 것이다.

집의 주요 공간인 안채는 현대의 생활 방식을 반영해 사랑채와 안채를 한 건물 안에 구성했다. 대신, 대청마루를 중심으로 양옆에 사랑방과 안방을 배치하고, 안방 방향에서 복도로 이어지는 공간에 주방과 식당을 배치하여, 내부의 각 영역이 분리되면서도 서로 연결되도록 했다. 벗님채도 마찬가지로, 수용 기준인 세 팀이 대청마루를 중심으로 양쪽으로 나누어진 방에서 툇마루 형식의 복도를 통해 이동하도록 배치되었다. 각 채와 방이 '분리' 개념이라면, 어울림채는 식사와 파티, 모임을 위한 합체의 공간이다. 한옥의 형식에서 자유롭게 구성된 공간은 벽이 없이 트여 있어 개념적으로도 물리적으로도 열린 공간으로 이용된다.

1) 시골 마을의 좁은 골목길.
대문에 이르는 좁은 골목길을 뜻한다.

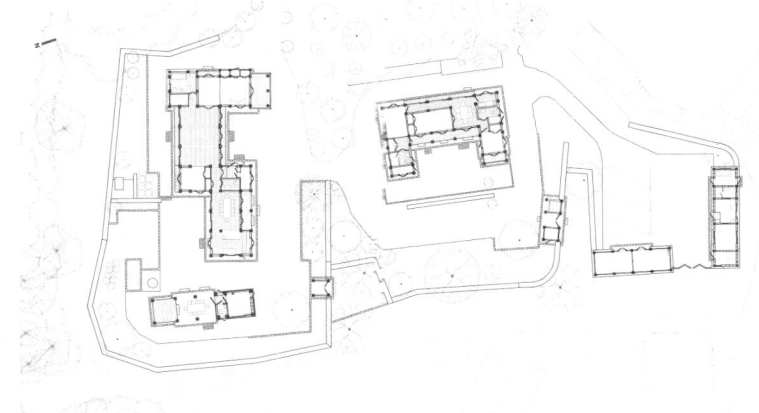

경주 배동 한옥

마을 분위기와 위화감이 생기지 않도록 건물을 여러 채로
나누고, 각각의 건물은 서로 다른 담장과 대문을 갖도록
하여 마을의 골목길처럼 느껴지도록 계획했다.

경주 배동 한옥

서쪽 측면에서 바라본 안채 모습.
안채와 사랑채를 한 건물로 묶었지만 내외부에서
분리되어 보이도록 공간을 구성했다.

경주 배동 한옥

소나무 숲이 병풍처럼 펼쳐진 대청마루.
안채 전면의 창호와 후원을 향해 낸 통창으로 사시사철
밝고 따뜻한 빛이 가득 들어온다. 계절과 시간에 따라
가지각색의 빛을 머금는 대청마루 양옆으로 사적 공간인
침실과 공적 공간인 주방 및 식당이 배치되어 있다.

경주 배동 한옥

방은 전체를 한지로 도배했다. 창호를 통해 들어오는 햇빛은 한지를 통해 여과되며 따뜻하고 부드러운 빛으로 변한다. 아늑함으로 가득 찬 방은 별다른 장식이 없어도 충분히 아름답다.

경주 배동 한옥

사랑채 누마루에서 바라본 풍경. 가까이는 벗님채(손님채)가
보이고, 멀리 안대의 평온한 능선이 마당의 조경과 경계 없이
어우러지며 하나의 공간감을 만들어낸다.

사랑채의 서측은 이 집의 주요 공간인 주방과 식당 공간이다.
모던한 주방 설비와 조명이 한옥과도 어색하지 않게
어울리며 세련된 분위기를 연출한다. 이 집의 어느 공간에
서도 창은 근사한 액자가 된다.

경주 배동 한옥

벗님채는 오로지 손님들을 위한 공간이다. 세 팀이 동시에 머무를 수 있도록 계획된 방들이 대청마루를 중심으로 복도를 통해 이어진다.

경주 배동 한옥

벗님채의 대청과 방에서 바라본 풍경들.

경주 배동 한옥

어울림채는 캐주얼한 야외 파티를 위한 공간으로, 효율적인
동선을 위해 안채의 부엌과 가까운 곳에 위치해 있다.
테이블을 중심으로 신발을 벗고 들어가는 마루와 휴식을
위한 작은 방이 마련되어 있다.

경주 배동 한옥

경주 배동 한옥

경주 배동 한옥

경주 배동 한옥

현대 한옥, 고정관념을 깨면 답이 있다

동락당

현대 한옥,
고정관념을 깨면
답이 있다

전통과 현대, 아름다움과 기능

동락당이 있는 집은 남산을 등진 완만한 언덕에 위치하고 있다. 대문에서부터 경사 지형을 따라 놓인 계단을 오르다 보면 아취가 있는 작은 정원과 현대식 건물을 지나 조금 더 높은 곳에 이르면 한눈에 보아도 특별한 한옥 한 채가 시야에 들어온다.

한 기와지붕 아래 사면이 유리벽인 모던한 공간과 전통 한옥의 구법으로 지어진 공간이 공존하는 동락당은 온지음 집공방과 원오원아키텍스가 협업하여 지은 '오늘의 한옥'이다. 도시 한가운데서 전통 한옥이 그 정체성을 지키면서도 기존의 현대식 건물, 그리고 도시의 풍경과 유기적으로 어우러지도록 현대 건축을 받아들여 새롭게 조합시킨 모습을 선보인다.

전통 한옥의 아름다움과 기능에 대한 고증을 바탕으로, 이를 한 차원 끌어올릴 수 있는 현대 건축 기술을 적용하는 과정에서 이뤄진 고정관념을 깬 시도들은 현대 한옥의 더 넓은 가능성을 상상할 수 있게 한다. 전통의 완벽한 재현만이 답은 아니다. 아름다움과 기능이 충족되었다면.

전면에서 보았을 때 동락당은 누마루가 있는 'ㄱ'자 형태의 6칸짜리 한옥이다. 한 지붕 아래 전통 한옥 부분과 유리 매스 부분, 두 영역으로 나누어진다. 전통 한옥 부분의 내부는 대청마루와 여기에 앞뒤로 붙어 있는 툇마루, 그리고 사랑방과 연결된 누마루로 이루어진 구조다.

주 용도가 접견과 휴식인 만큼, 건물은 안팎으로 쾌적함과 바깥 풍경을 향유하기 위한 최적의 설계와 장치를 갖추었다. 덕분에 대청마루, 사랑방, 누마루마다 다채로운 서울의 풍경을 품게 되었다.

동락당에서 첫눈을 사로잡는 유리 매스는 다이닝 공간으로, 사면의 유리벽을 통해 외부 풍경을 확보하면서 실제 작은 크기임에도 엄청난 개방감을 준다. 뿐만 아니라, 왼편으로 위치한 현대식 안채 건물과 오른편의 전통 한옥 부분이 미적으로 단절되지 않고 자연스럽게 중화되어 전개되는 효과를 낸다. 전통과 현대의 열린 교집합적 공간인 셈이다.

도심에 위치한 한옥의 취약한 부분을 보완하고, 강점을 극대화하기 위해 답을 찾는 과정. 현대의 기술을 적용한 각종 아이디어와 시도로 동락당이 지어졌다. 과제에 직면한 건축가가 마침내 얻은 답들을 보물찾기처럼 하나하나 찾아보는 것은 동락당을 즐기는 가장 큰 재미일 것이다.

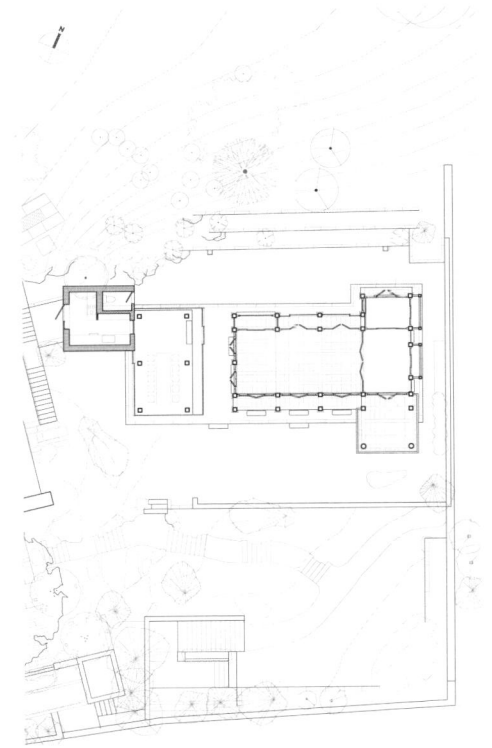

대문에서부터 이어진 길을 따라 오르면 도시 풍경이 한눈에 들어오는 너른 곳에 동락당이 있다. 동락당은 누마루가 있는 'ㄱ'자 형태의 한옥으로, 한 지붕 아래 한옥 부분과 유리 매스로 된 현대 부분이 공존하고 있다. 유리 안으로 보이는 공간이 근사해서 더욱 특별해 보이는 한옥이다.

ⓒ 민희기

현대 건축물인 본채와 동락당을 잇는 동선에서 동락당의
유리 매스로 인해 두 건물 간의 미감이 단절되지 않고
자연스럽게 전개된다.

ⓒ 민희기

ⓒ 민희기

ⓒ 민희기

ⓒ 민희기

한옥의 내부는 대청마루와 여기에 앞뒤로 붙어 있는 툇마루, 누마루와 작은 방이 딸린 사랑방으로 이루어진 간결한 구조. 공간의 주 용도가 접견과 휴식인 만큼, 번다한 살림살이 없이 한옥과 어울리는 최소한의 가구가 배치되어 있다.

ⓒ 민희기

동락당의 전면 창호는 빛을 받아들이기 위한 영창, 방충과 통풍을 위해 얇은 비단을 바른 사창, 보온을 위한 쌍창 3겹으로 구성되어 있다. 전통 한식 창호를 내부에 설치하고 단열 및 기밀을 위한 한식 시스템 창호를 외부에 설치하는 방식이다. 창호의 종류와 개폐에 따라 달라지는 실내 분위기는 한옥에서 누릴 수 있는 또 하나의 매력이다.

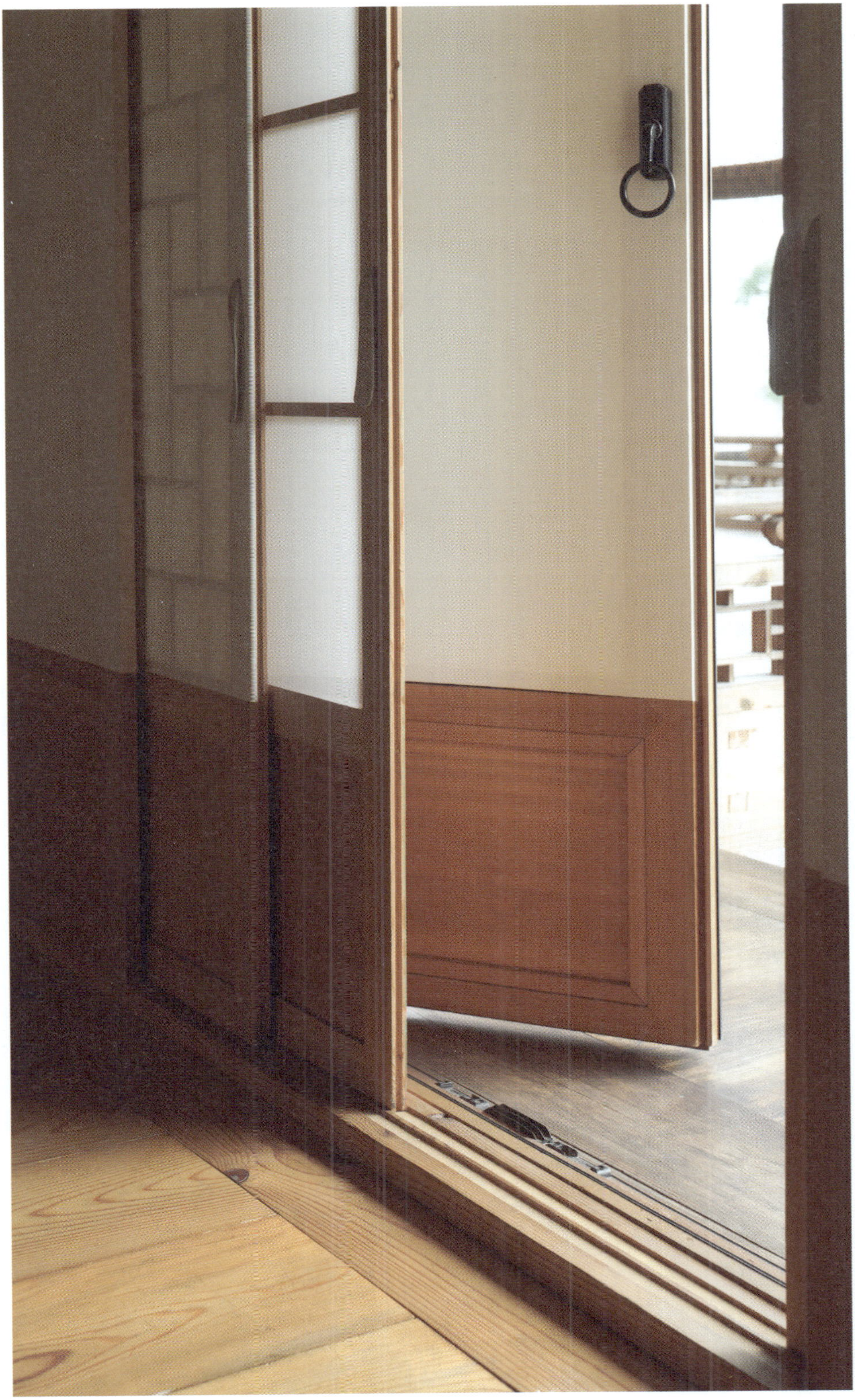

동락당

사랑방은 전면을 향한 누마루와 후원 방향의 작은 방과 이어져 있다. 누마루에서는 시내 풍경을, 작은 방에서는 오르막 지형에 축대를 쌓아 조성한 후원의 풍경을 향유할 수 있다. 작은 방은 뒤편 툇마루와 연결되어 이곳을 통해 대청마루와 자유롭게 연결된다.

ⓒ 민희기

ⓒ 민희기
옥류암

© 민희기

검소하지만 누추하지 않고, 화려하지만 사치스럽지 않은

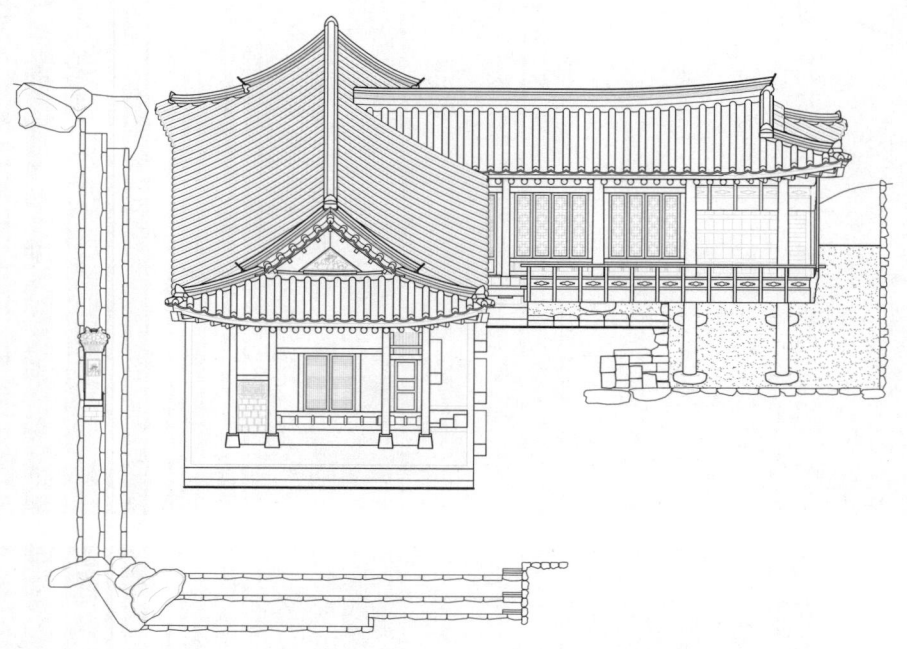

51

화동재

검소하지만
누추하지 않고,
화려하지만
사치스럽지 않은

전통 한옥의 구법으로 지은 현대 한옥

전통과 현대를 조화시키고자 하는 시도는 의식주를 비롯한 거의 모든 분야에서 활발하게 이루어지고 있다. 오늘날의 미감과 현대의 기술을 적용시켜 전통을 업그레이드하고자 하는 시도는 당연하고도 고무적이지만 모든 시도가 성공하는 것은 아닌 듯하다. 입기 편하고 화려해졌지만 단아한 기품을 잃어버린 개량 한복, 자극적인 유행 식자재를 사용해서 인기를 얻고 있지만 깊은 감칠맛과 은은한 풍미를 잃어버린 퓨전 한식 등. 시절 따라 반짝 등장했다가 이 맛도 저 맛도 내지 못한 채, 오히려 각각이 지닌 아름다움과 기능이 상쇄된 예들을 심심찮게 보아왔기 때문이다.

화동재는 전통 한옥의 구법을 그대로 적용한 집이다. 마루의 높이, 지붕의 곡선, 창살의 섬세한 비례 등 전통 한옥의 아름다움을 살리면서, 현대 생활에 맞는 구성과 배치로 오늘의 라이프스타일을 반영했다. 옛것을 바탕으로 새로운 현대 한옥을 만들어 가는 온지음 집공방의 초석이 된 프로젝트이기도 하다. 지극히 전통적인 구조와 공법에 더해 고재(古材)의 깊이 있는 색감과 균형 잡힌 형태의 맵시가 어우러져, 화동재는 기품 있고 고아한 멋이 흐른다.

북한강을 면한 호젓한 숲속, 나무들 틈에 서 있던 화동재의 그 단정한 모습은 잠시 볼 수 없다. 집주인의 이주에 따라 화동재를 사랑한 집주인이 집을 함께 옮겨가기로 한 것이다. 목조로 된 가구식(架構式) 구조[1]인 한옥은 집 전체를 해체하여 다른 공간에 그대로 옮겨 다시 조립이 가능하다. 못을 쓰지 않아도 내구성이 좋고, 기울어짐에 버티는 힘도 강한 한옥의 이 짜맞춤 방식은 한옥이 가진 큰 매력 중 하나이기도 하다.

덕분에 화동재는 조만간 또 다른 멋진 공간에서 다시 그 모습을 볼 수 있게 되었다.

1) 기둥과 보를 짜맞추어 지은 구조.

화동재는 안채와 사랑채를 한 채로 구성했다. 'ㄱ'자 구조를 활용해서 사랑채와 안채에 해당하는 공간을 분리시켜, 채로 나누지 않았지만 독립적이면서도 툇마루를 통해 연결과 소통이 편리하도록 배치했다.

　방과 마루, 그리고 누마루로 구성된 사랑채 영역은 세 공간이 연속선상에 있도록 배치해, 모든 창호를 열면 외부 풍경이 파노라마로 펼쳐진다. 높은 누마루 아래로는 누하 진입을 통해 대문 없이도 오가는 이가 자연스럽게 화동재의 영역을 인지할 수 있게 했다. 외부에서 높은 기둥 아래로, 그리고 안마당으로 진입하는 동안 만나게 되는 아기자기한 장면들과 집의 다른 면면이 차츰차츰 전개되는 것을 보는 재미가 있다.

　안채 영역은 안방과 이어진 작은 대청마루에 벽장 안으로 작은 탕비실을 만들어 필요할 때만 사용하고, 문을 닫으면 보이지 않도록 해서 작은 마루 공간을 여유 있게 활용할 수 있도록 했다.

　안방 역시 작은 누마루를 두어 안주인도 이 공간을 즐기며, 사랑채 누마루 아래로 올라온 손님을 바로 맞을 수 있게 했다.

　화동재의 목재와 기와는 모두 고재를 사용해 고풍스럽고 은은한 깊은 멋이 나도록 했다.

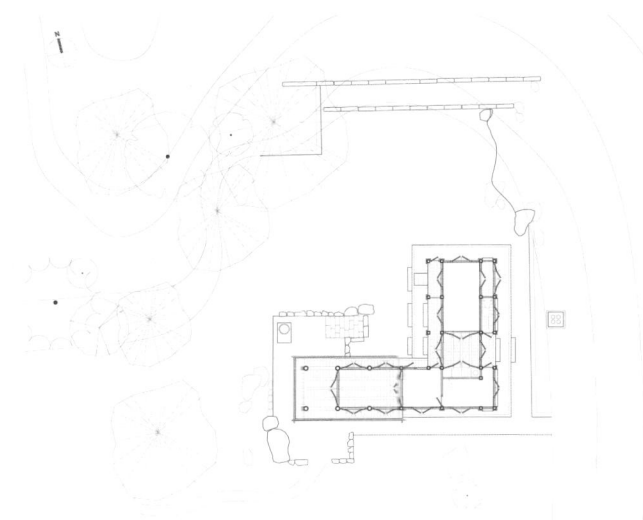

화동재는 고재의 깊이 있는 색감과 균형 잡힌 형태의 맵시에서 기품과 고아한 멋이 느껴지는 한옥이다. 화동재에서는 안채와 사랑채를 한 채로 구성했다. 'ㄱ'자 구조를 활용한 배치로 안주인과 바깥주인의 공간이 분리되어 있어, 채로 나누지 않아도 독립적이되 소통하기 편리하게 구성되었다.

높은 누마루는 사랑방 영역에 있는 공간으로, 긴 대청마루와 연속선상에 있어 창호를 열면 외부 풍경이 파노라마처럼 펼쳐지며 개방감을 극대화한다. 누하 진입을 통해 대문 없이도 오가는 이가 자연스럽게 한옥의 영역을 인지할 수 있도록 했다.

화동재

58

화도재

간소하고 세련된 사랑방.
장식은 최대한 배제하고 전통 장판지와 한지, 나무의 색이
자연광과 어우러지며 자연스럽고 편안하게 조화를 이루는
전통 미감을 살렸다.

60

횃등게

안주인의 주요 공간인 안방의 모습.
창밖으로 사랑채 영역이 보인다. 두 영역은 독립성을 확보
하면서 긴밀히 연결되어 있기도 하다. 여러 개의 창호를
통해 들어오는 다채로운 풍경이 곧 장식이므로 장식과
가구는 최소화했다.

대청마루와 누마루 부분.
고재와 흰 창호지, 녹음의 대비와 조화가 고고하다. 화동재의
단정한 선들은 자연을 만나면 그대로 프레임이 된다.

步步一切大聖經

去來覺道等實花

터, 땅의 깨달음

Editor (이하 E) 한 채의 한옥이 지어지기까지 그 건축 과정을 이야기로 풀어보려고 합니다. 오랜 시간에 걸쳐 습득한 땅에 대한 깨달음과 자연에 대한 통찰력의 결과물인 한옥에는 갖가지 이야기들이 담겨 있을 것 같은데요. 건축물로서, 그리고 이 땅에서의 삶을 아우르는 지혜의 총체로서 집에 대한 이야기를 듣고 싶습니다.

김봉렬 (이하 김) 좋습니다. 집을 지으려면 일단 터가 있어야 하니 거기부터 시작해볼까요? 다만, 땅 하나만으로도 너무 방대한 이야기들이 담겨 있어서 건축적 맥락에서의 '터'로 주제를 제한해서 풀어가 보죠.

한국 전통 건축에서 가장 중요한 것은 바로 터를 정하는 것이었습니다. 먼저 터를 해석하고 그곳에 집을 짓는 순서죠. 적당한 터를 잡았다면 한옥 건축의 절반을 했다고 봐도 무방해요. 나머지는 기술적인 부분들이고요. 예로부터 보통 민가에서는 집을 지을 때 풍수가와 목수만 있으면 됐어요 (물론 궁궐이나 사찰 같은 복잡하고 의미가 있는 집들은 다르지만).

오늘날에도 터는 중요한 이슈지만 풍수지리설에서 말하는 대로 터를 선택하기란 힘들죠. 특히 도시에서는 사이트가 제한된 데다 비싸기까지 하니까요. 그래서 땅을 해석하는 것이 중요합니다. 이를 바탕으로 주어진 공간에서 최대한 이상적인 터, 즉 명당을 만들어가는 것이죠. 그것이 오늘날 건축가의 중요한 역할이기도 하고요.

E 역시 '터' 하면 풍수 이야기를 하지 않을 수 없을 것 같네요. 풍수란 정확히 무엇인가요? 좋은 터에 집을 지으면 좋은 일이 생긴다는 식의 기복적인 신화, 혹은 말로 설명하기 어려운 형이상학적인 무엇인가로 많이 인식되고 있는 것 같아요.

김 풍수는 말 그대로 '바람과 물'을 이해하고 그것을 이용하는 기술입니다. 둘 다 생존과 직결되어 있는 조건이죠. 동아시아 북방에 위치한 우리나라에서 겨울이면 불어오는 북쪽의 차디찬 칼바람은 생명을 위협하는 무시무시한 존재였을 거예요. 이 삭풍에 대한 방어력이 없으면 얼어 죽는 생명이 속출하게 되죠. 물은 또 어떤가요. 생존의 기본 조건이잖아요. 더군다나 농경사회였던 우리나라에서 물이 없다? 곧 죽음을 뜻해요. 바람은 가두어야 될 것, 물은 얻어야 할 것이에요. 이걸 '장풍득수(藏風得水)'라고 하는데 줄여서 '풍수'라고 합니다. 좋은 터에 집을 짓고 묘를 써야 일이 잘 풀리고 자손이 흥한다는 식의 기복 이전에 풍수는 인간의 생존 기술에서 비롯되었다고 봐야 해요.

사실 풍수는 집터보다는 묘지터를 잡을 때 중요하게 활용됐습니다. 풍수에서는 '음택(陰宅)'이라고 하는데, 우리 조상들이 이것에 얼마나 각별했는지는 관련된 기록들만 보아도 짐작할 수 있죠. 묘지 터 때문에 조선시대부터 400여 년간 싸워온 파평 윤씨와 청송 심씨의 일화는 널리 알려진 이야기죠. 비단 두 집안뿐만 아니라 당시 묏자리로 인한 송사는 비일비재했어요. 이게 다 동기감응(同氣感應)이라고, 조상들이 좋은 터의 기를 받으면 같은 핏줄의 자손들도 그 기운을 받게 된다는 거예요. 세간에서 말하는 기복적인 풍수설은 여기서 비롯되지 않았나 싶습니다. 이는 하나의 패러다임이라고 생각해요. 진리냐 아니냐, 효험이 있느냐 없느냐를 따지는 것은 큰 의미가 없는 일이죠. '기독교를 믿으면 정말 구원을 받는가' 하는 질문처럼 증명할 수 없는 믿음의 문제입니다. 오히려 도시공학이나 환경공학이 없던 시절에 인간이 오랜 경험으로 체득한 실용적인 지혜였던 셈이죠. 지속 가능한 삶을 위한.

E 풍수의 원류는 중국이라고 알고 있습니다. 중국의 풍수와 한국의 풍수에는 별다른 차이가 없는지요? 또 한국 전통 건축에서 풍수는 어떤 식으로 적용되는지 궁금합니다.

김 풍수 이론은 중국 제자백가에서 시작되었다고 알려져 있는데, 중국, 특히 중원은 거의 평원이라 풍수가 적극적으로 활용되기 어렵습니다. 반면에 우리나라 땅은 주름이 많죠. 즉 산이 많아서 골짜기, 강과 그 물줄기도 발달했어요. 중국의 풍수 이론이 우리 땅에는 잘 맞아서 중요한 패러다임으로 자리 잡을 수 있었던 거죠. 그래서 일각에서는 중국의 영향이 아닌 자생적인 풍수로 보는 견해도 있습니다. 풍수가 산에 대한 이해에서 비롯되었기 때문이에요. 여기에 신라 말 중국에서 풍수 이론이 들어와 결합하면서 자체적 풍수로 체계화되었다고 보는 거죠.

> "나쁜 땅은 없습니다. 나쁜 땅이 있다 해도
> 그것을 해결해 나가는 것이 건축가의 역할이죠."

터, 땅의 깨달음

또 성리학이 통치 이념이었던 조선 사회에서 그로 인한 영향도 무시할 수 없습니다. 유교의 천인합일 사상에서 천(天)은 자연, 인(人)은 보편적 인간이 아닌 군자, 즉 '주인'을 뜻합니다. 자연과 내가 하나가 된다는 것인데, 자연은 나를 위해 존재하는 것으로, '인'에 방점이 찍혀 있죠. 풍수상 안대를 정하는 것이 다 이것과 관련이 있어요. '저 산을 내가 바라보는 순간 저 산은 나의 것이 된다'는 식으로 자연에 의미를 부여하는 거예요. 특히 성리학의 인간상은 실존적이고 주체적인 것입니다. 결코 유약하지 않아요. '군자는 남면한다'라는 말이 있는데, 군자가 바라보는 곳이 곧 남쪽이라는 뜻이에요. 이를테면, 군자가 북쪽을 보고도 남쪽이라고 하면 그쪽이 남쪽이 됩니다. 그 정도로 철저하게 자연을 인간 중심으로 해석해요. 그래서 자연에 대한 재해석이 가능해지는 것이기도 하고요.

결국 풍수든 유교적 자연관이든 땅을 정하고 해석할 때 전체적인 지형을 살펴보고 그것을 보는 주체가 되어서 정하는 것이에요.

E 앞서 말씀하신 대로 오늘날 풍수이론이 적용되기 힘들다면 그 의미나 효용이 유효할 것일까요? 오피스 풍수라든가 풍수 인테리어라는 말이 회자되는 걸 보면, 사람들의 관심은 여전한 것 같은데요.

김 터에 대한 건축적 행위는 크게 두 가지로 나눌 수 있습니다. 첫 번째로 좋은 땅을 골라 선택하는 것인데, 이 부분이 지금 실정으로서는 어려운 일이죠. 두 번째는 땅을 이용하는 것인데요. 땅의 해석에 대한 부분입니다. 건물의 방향을 정하고, 어떤 경관을 둘 것인가를 정하는 거예요. 단순히 아름다운 경관이 아닌 풍수에서 이야기하는 산의 형상과 주변 경관과의 관계 속에서 터의 성격을 만드는 것입니다. 어느 산을 보고 어떤 풍경을 정할 것인가는 여전히 의미를 가지니까요 풍수 이론이 아니어도 오늘날 '랜드스케이프'라는 측면에서 의미가 있죠.

명당은 면(面)적인 개념이고, 혈은 점(點)입니다 그래서 면을 보고 점을 추정하야 하는데 이 때문에 명당론은 사실 허구에 가깝지 않나 생각하기도 합니다. 점에 불과한 혈을 찾는 것이 과연 가능할까요? 가능하다 해도 확률적으로 그것이 얼마나 정확할까요?

최고의 좋은 터를 구한다? 지금으로서는 이것도 큰 의미가 없습니다. 학교나 공원, 마트 등과 같은 편의시설이 갖춰진 인위적인 풍수가 중요한 시대이니까요. 소위 역세권이니, 숲세권이니 하는 말도 더 이상 풍수적 길지가 전부가 아님을 짐작하게 하죠. 예나 지금이나 인간이

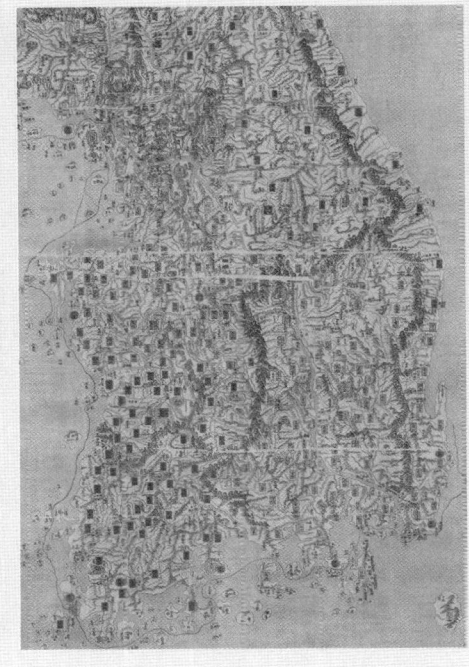

동국대지도 (부분), 18C 제작
산과 하천이 발달한 한반도 지형의
특징이 잘 나타나 있다.
(이미지 출처: 국립중앙박물관 홈페이지)

터, 땅의 깨달음

본능적으로 안전하고 쾌적하게 느끼는 곳이 풍수 길지에 부합한다고 봅니다. 풍수는 굉장히 복잡한 이론이에요. 세심하게 파고들자면 입주하는 사람의 사주까지 따져야 할 정도로 별의별 것이 다 동원되어야 해요. 그런데 재밌는 건 그렇게 한다 하더라도 직관에 따라 선택하는 것과 결과적으로 별 차이가 없다는 거예요. 사람은 본능적으로 아늑하고 살기에 편리한 곳을 찾아가는 능력이 있습니다.

E   좋은 터란 어떤 곳인가요? 흔히들 배산임수의 남향 집이면 대체적으로 명당의 입지라고 알고 있잖아요.

김   통념과 달리 의외로 우리나라는 남향에 집착하지 않았습니다. 왜냐하면 낮에는 집에 있지 않으니까요. 낮엔 밖에서 일하고 집은 밤에 들어와서 자는 곳이죠. 집터의 최우선은 좋은 산을 향하는 것이었어요. 환경영향론이라고 할까요. 좋은 경관을 보면 인격을 도야하고 운을 상승시키는 데 도움이 된다고 보았던 거죠. 예를 들어, 선비들의 집은 붓끝을 닮은 문필봉을 바라보는 것이 좋고, 장사꾼의 집은 '수산'이라고 봉우리가 없이 겹겹의 능선이 출렁출렁 이어지는 산세를 바라보는 그런 곳을 선택하는 식입니다.

가장 중요한 조건은 바로 '안대를 어디로 정하느냐'였어요. 마주 바라보는 산세를 안대라고 하는데, 안대는 오늘날의 표현으로 '조망점(vista)'이라고 할 수 있겠네요. 이 안대에 따라 일반적이지 않을 수도 있는 의외의 배치가 만들어지기도 합니다. 오늘날 집공방에서 하는 작업도 이 조건을 우선적으로 고려합니다. 화동재의 경우, 건축주는 방이 현대 주택처럼 배치된 뚱뚱한 'ㅡ'자형 집을 원했지만 저희가 설득해서 'ㄱ'자로 풀었습니다. 안대에 해당하는 산의 형상이 좋아서 그 풍경을 향유할 수 있는 집으로 해석했기 때문이었죠. 나중에는 건축주도 매우 좋아하시더군요.

전망은 넓게 봐야 합니다. 현장에서 안대에 해당하는 산을 정하고 사무실에서 설계 전에 수치지형도를 확인하는데요. 현장에서 본 그 산이 지형도에 없어요. 아주 저 멀리 있어서. 그 정도로 안대는 넓고 먼 거리 개념이에요.

'좋은 땅, 좋은 경관이란 무엇인가'는 동서양을 막론하고 크게 다르지 않습니다. 예를 들어 체코 보헤미아 지역은 산이 많은 곳인데요. 그 지역 사냥꾼들이 집터를 정하는 기준들을 보면 결과적으로 우리의 풍수론과 크게 다르지 않아요. 좋은 산을 바라보고 바람을 막아주는

© 민희기

터, 땅의 깨달음

닫혀 있는 지형에 물을 얻기 용이한 곳. 다 생활의 지혜에서 비롯된 것이죠.

또 현실적인 부분도 무시할 수 없겠죠. 비용 문제도 그렇고 환경에 큰 변화를 가하는 토목 공사를 줄일 수 있는 지형이라야 좋은 터의 기본 조건이라고 봅니다.

나쁜 땅은 없습니다. 나쁜 땅이 있다 해도 그것을 해결해 나가는 것이 건축가의 역할이죠. 나쁜 땅이라 나쁜 건물밖에 안 된다고 하는 건 전문가의 태도가 아니라고 봅니다. 안 좋은 땅이라도 땅을 옮길 순 없으니 돋우거나 잘라내서 부정적인 요소를 제거하는 거예요. 의사가 회생 불가능한 장기를 잘라내는 것처럼요.

그동안 집공방에서 하는 모든 작업은 터에 대한 보완이 있었습니다. 필요에 따라 땅을 돋우고, 길을 내거나 막기도 하죠. 가까운 예로 지금 여기 온지음 사옥만 해도 주택가에 위치해서 주변의 다세대 주택들에 에워싸여 있어요. 사옥의 용도와 모양에 비해 썩 아름답지 않은 풍경이죠. 이것을 보완하기 위해 3층 테라스 공간에 판장을 사용했습니다. 안 좋은 풍경은 가리고 이 공간을 더욱 아늑하게 만들기 위한 보완 장치예요.

덜 좋은 터, 보완을 많이 해야 되는 터가 있을 뿐 나쁜 터는 없습니다. 풍수지리에 연연하고 여기에 너무 기댈 이유가 없어요. 광활한 자연에서 내가 살아가는 소자연인 아늑한 땅. 그곳이 바로 명당이라고 생각해요.

© 민희기

© 민희기

(위) 온지음 사옥 3층 판장

(왼쪽) <유첨당>, 온지음 집공방 작
한국건축예찬: 땅의 깨달음 展
: 양동마을 무첨당을 재해석하여 한옥의 가장 기본적인 공간인 대청마루, 방, 누마루로 구성한 작품. 집에서 바라본 안대의 풍경을 통해 한옥의 인(人) 중심의 유교적 자연관과 조영의식을 살펴볼 수 있다.

100년 전 한옥에서 오늘의 한옥으로

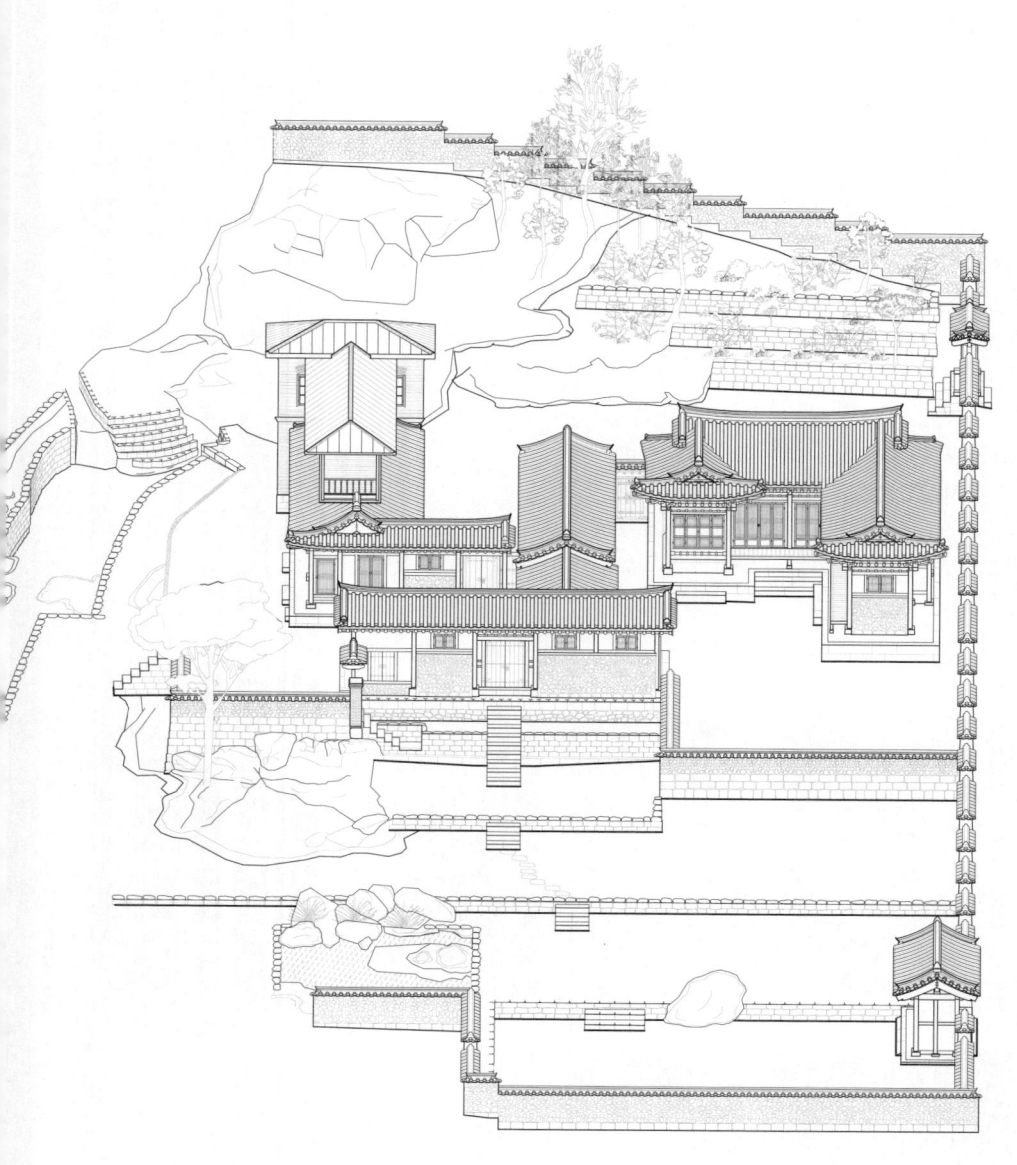

반계 윤웅렬 별서

100년 전 한옥에서 오늘의 한옥으로

켜켜이 쌓인 시간을 벗겨 원형을 찾다

가지각색의 이야기를 품은 채 역동적으로 변화해온 서울에서 부암동은 여느 서울과는 조금 다른 동네다. 광화문에서 도보로 불과 30여 분 정도 거리임에도 시간이 멈춘 것 같은 오래된 동네의 정취와 자연이 어우러진 풍경들은 서울 사람에게도 조금 생경하다.

창의문에서 세검정으로 넘어가는 고갯마루, 북악산과 인왕산에 에워싸인 부암동은 예나 지금이나 경치가 좋기로 유명한 곳이다. 안평대군, 흥선대원군, 이항복 등 조선시대 사대부들부터 근현대기의 윤동주, 현진건 같은 문인들까지 모두에게 사랑받은 동네로, 인왕산과 북악산 쪽의 서울 성벽 둘레길을 따라 걸으면 그 이유를 이해하게 된다.

안평대군이 꿈에서 본 아름다운 도원(桃源)과 너무 비슷해서 지었다는 무계정사나 현재도 서울의 아름다운 명소로 회자되는 흥선대원군의 석파정처럼 반계 윤웅렬 별서도 이곳의 특별한 풍경을 품은 조금 이색적인 집이다.

한눈에도 특별해 보이는 이 집의 역사는 반계 윤웅렬[1]이 성홍열을 피하기 위해 지은 여름 별장에서부터 시작된다. 건립 당시 벽돌로 지은 서양식 2층 건물만 있었지만, 윤웅렬 사후 이 집을 상속받은 아들 윤치창이 안채 등의 한옥을 추가로 지어 오늘날의 건물군을 이루었다. 시간이 흐르는 동안 여러 사연을 거치며 방치되어 거의 폐가나 다름없던 이곳을 현 집주인이 2005년 인수하여 원형을 복원하고 대대적인 개보수를 통해 지금의 모습으로 만들었다.

윤웅렬 별서는 구한말 서구의 건축 양식과 우리나라의 전통 건축 양식이 혼재한 건축물로, 안채와 더불어 근대 한옥의 변천을 보여준다. 이런 가치에 따라 1977년 안채, 사랑채와 광채, 그리고 대문채가 문화재로 지정되었다. 이후 건축물 외에도 바위, 연못, 소폭포가 문화재로 지정되면서 문화재로 이루어진 집이 되었다.

보수를 맡은 온지음 집공방은 프로젝트에 앞서 문화재의 경우 원형을 보존해야 하는 원칙과 여기에 반하는 생활에 필요한 변형 사이에서 많은 연구와 조율을 해야 했다. 결국 외관은 유지하되 내부는 편리하게 하는 것으로 설계 기준을 정하고 프로젝트를 개시했다.

---

1) 조선 후기의 무신. 1856년 무과에 급제하였으며, 갑신정변 때 형조판서를 지냈으나 정변이 실패하자 유배되었다. 이후 병마절도사, 전라남도 관찰사, 군부대신을 지냈고 1910년 한일합병에 대한 공로로 일본 정부로부터 남작 작위를 받았다.

윤웅렬 별서의 한옥은 크게 대문채, 사랑채, 안채로 이루어져 있다. 큰 대문으로 들어오자마자 눈에 띄는 큰 바위를 지나 계단을 따라 석축 위의 높은 터에 오르면 대문채가 있고, 그 내부에 안채와 사랑채가 있다. 대문채는 정면 5칸, 측면 1칸의 'ㅡ'자형 한옥이다. 사랑채는 'ㄷ'자형으로, 모두 방과 방으로 연결되며, 서쪽의 계류와 면한 쪽으로 주향을 잡았다. 여기에 붉은 벽돌로 지어진 2층짜리 서양식 건물과 연결되어 있는데, 기와지붕 위에 테라스가 설치되어 있는 특이한 형태다. 안채는 'ㄱ'자형으로 대문채의 동북쪽에 있다. 안채는 대청을 중심으로 왼쪽과 오른쪽에 문이 달린 누마루와 안방이 있고, 부엌은 안방의 남쪽으로 이어져 있다.

개보수 전 이곳을 방문했을 때는 이 집에 살던 사람들이 사랑채 마당을 판자로 모두 덮어 거실로 사용하고 있었다. 건물 곳곳이 썩고 쓰레기로 가득 차 원형을 찾아보기 어려운 상태였고, 지금의 모습으로 만들기까지 긴 시간에 걸쳐 대대적인 철거 공사가 필요했다. 그다음, 건물이 제 모습을 찾은 단계에서는 가장 먼저 단열을 해결하기 위해 내부에 한식 시스템 창호를 새로 개발하여 설치했다. 원래 이 집에 없던 화장실과 주방 등 위생 설비는 건물의 외관을 해치지 않으면서 사용하기 편리한 위치를 선정해 실내로 들였다. 안채, 사랑채, 대문채로 분리된 각 건물은 신발을 신지 않고 연결되도록 했다. 계류를 가로지르는 돌다리를 건너 후원으로 이어지는 아름다운 산책로와 대문채 아래 방자 연못까지 보수하여 오늘날 볼 수 있는 별서의 모습으로 변모시켰다.

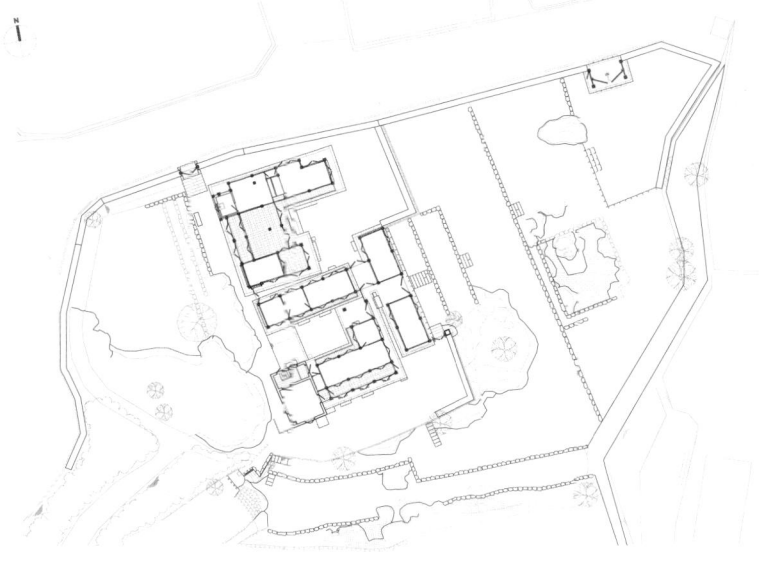

붉은 벽돌로 지어진 옛 서양식 2층 건물과 여기에 연결된
전통 한옥, 기와지붕 위 테라스까지. 여느 한옥과는 확연히
다른 모습에 이 집에 담긴 이야기가 궁금해진다.

지형을 따라 쌓은 높은 석축 위 대문채 안에서 바라본 바깥
풍경이 마치 액자 속 풍경화 같다. 거대한 바위와 연못을
지나 계단을 오르고, 대문채를 통과해서 사랑채와 안채에
도달하는 서사와 공간에 따라 마주하게 되는 풍경이
드라마틱하다. 대문채는 정면 5칸, 측면 1칸의 '一'자형
건물로 진입 방향 전면은 사랑채로, 우측으로는 안채와 연결된다.

반계윤웅렬별서

사랑채보다 좀 더 높은 기단에 위치한 안채는 'ㄱ'자형으로
대청을 가운데 두고 왼쪽과 오른쪽에 각각 마루방과 안방,
그리고 안방과 이어진 부엌이 배치되어 있다.

안채의 내부도 전통과 현대 방식이 공존하고 있다. 천장의 선자연과 서까래 같은 목구조를 노출해 한옥의 멋을 살리고, 여기에 어울리는 디자인의 현대식 설비와 가구로 생활의 편의도 놓치지 않았다.

박계공윤응렴서

우천 시 물이 넘치는 것을 방지하기 위해 돌다리와 같은 배수로 덮개를 설치하여 둘이 잘 빠지면서도 통행이 편리하도록 했다. 닿을 듯 말 듯한 대문채와 사랑채 지붕 사이로 내려온 햇빛이 바닥에 만든 물결무늬가 재미를 더한다.

사랑채는 'ㄷ'자형으로, 방과 방으로 연결된다. 개보수 전 이곳에 살던 사람들이 마당을 판자로 모두 덮어 거실로 사용하고 있었고, 원형을 찾아보기 어려운 상태였다. 건물 곳곳이 썩고 쓰레기가 방치되어 폐가나 다름없는 모습이라 지금의 모습이 되기까지 긴 시간에 걸쳐 대대적인 공사가 필요했다.

사랑채는 'ㄷ'자형으로, 모두 방과 방으로 연결된다. 서양식
건물과 이어진 큰 사랑방은 긴 방과 툇마루로 간결하게
구성되었다. 방의 양쪽으로 낸 문은 한식 시스템 창호로
보온성과 기능성을 높이고, 툇마루에는 장지문을 달아
실내로서의 활용도를 높였다.

반계 윤응렬 별서

개보수 과정에서 서양식 건물의 기존 창호는 수리하고, 단열을 위해 안쪽에 한식 시스템 창호를 덧달았다. 내부는 쓰임에 맞게 현대식으로 고쳤지만 서양식 건물의 분위기를 해치지 않도록 노력했다.

2층 테라스에 올라가면 별장 부지 전체는 물론, 인왕산과 멀리 북한산의 풍경이 180도로 펼쳐진다.

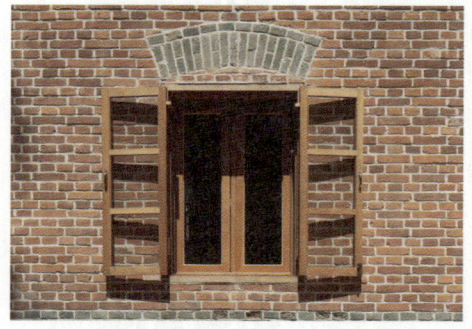

반계 윤웅렬 별서

2층 테라스에서 내려다본 풍경. 계류를 가로지르는 돌다리를 건너 나무와 꽃들이 우거진 산책로를 따라 걷다 보면 후원에 닿는다. 일찌감치 문화재로 지정된 건물에 더해 바위, 연못, 소폭포까지 정원 곳곳의 조경 요소들이 문화재로 지정될 만큼 아름다운 자연경관을 품은 이름 그대로 '경승지'다.

검박하고 실용적인 집이 아름답다

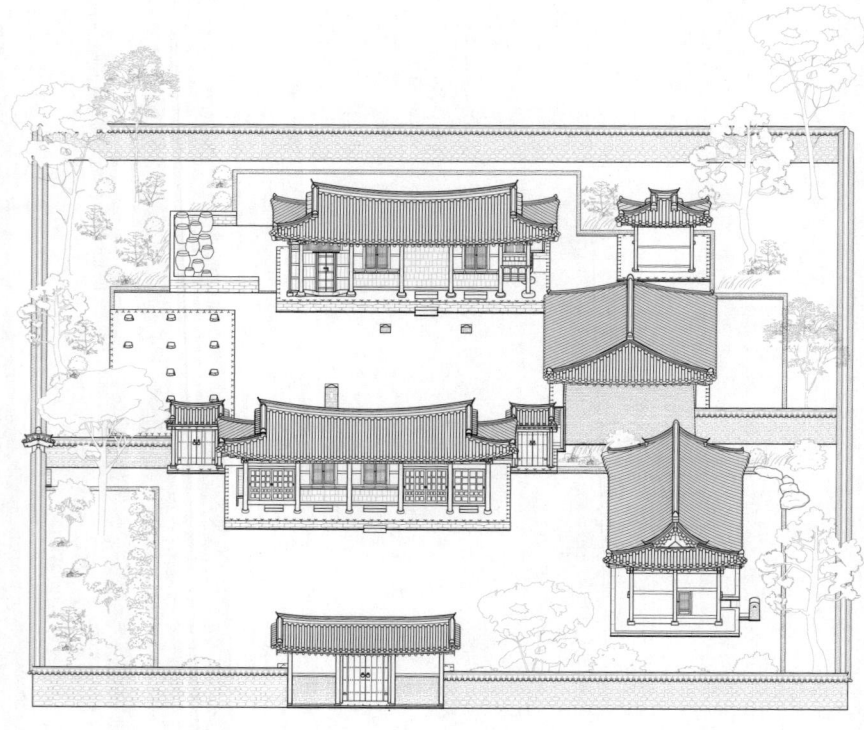

만우 조홍제 생가

검박하고 실용적인
집이 아름답다

허례허식 없는 만석꾼의 집

만우 조홍제는 효성그룹 창업주로, 1940년대 호암 이병철과 동업하여 삼성물산, 제일모직, 제일제당 등의 회사를 설립해 키우다가 1962년 뒤늦게 삼성에서 독립해 효성물산, 동양나이론을 시작으로 오늘날 효성그룹, 한국타이어그룹 등을 세계적인 기업으로 발전시킨 인물이다. 일제강점기에 6·10 만세운동을 주도한 바 있으며, 군북금융조합장을 지내면서 조선인의 토지를 지키고 자작농을 육성하는 데 힘을 쏟는 등 근현대기 척박했던 국내 환경에서 한국 경제를 견인한 인물로 평가받고 있다.

경남 함안군 군북면 동촌리는 멀리 낮고 편안한 산세가 둘러진 편평한 지형의 마을로, 조홍제 생가는 배산임수를 선호하는 전통 한옥 입지와 달리 편평한 들판 한가운데 자리 잡고 있다. 성인 키보다 낮은 담장과 간소한 대문은 어떤 허세나 권위도 내비칠 생각이 없는 듯하고, 실용을 우선한 구조에 간소하고 담백한 멋이 있다. 집 안 곳곳을 구경하고 있노라면 만석 농사를 경영하는 진중한 바깥주인과 살뜰하고 엽렵한 안주인이 기민하게 손발을 맞춰 살림을 꾸려가는 광경이 머릿속에 그려진다. "몸에 지닌 작은 기술이 천만금의 재산보다 더 귀하다"는 조홍제 회장의 실용, 실리의 철학이 집 전체에서 풍겨 나오는 듯하다.

복원 전, 이 근사한 집은 무른 논 지반으로 인해 훗날 지어진 별채를 제외하고는 각 채들이 침하되면서 목구조가 심하게 뒤틀려 있었고, 그 밖에도 세월의 풍파로 집 여기저기에 훼손이 심한 상태였다. 복원을 맡은 온지음 집공방은 2017년부터 대대적인 개보수 작업에 들어갔다. 사랑채와 안채는 완전히 분해하여 사용할 수 없는 목재를 교체한 후 나무색을 맞춰 다시 조립하고, 나머지 건물들은 시간이 흐른 대로 그 원형에서 크게 티 나지 않도록 수리하고 보수했다. 사랑채와 안채는 조립 전에 기초를 보강해서 더 이상 침하의 위험이 없도록 했다. 화재로 소실된 안마당의 별채는 복원 작업 중 주춧돌이 발견되어, 이를 토대로 터를 정리하고 보존했다. 지금의 모습으로 복원된 생가는 2019년, 일반인들에게도 개방됐다.

조홍제 생가는 사랑채, 안채, 광채, 별채, 대문채로 구성되어 있다. 크게 사랑채 구역과 안채 두 구역으로 나누어지는데, 대문간으로 들어서면 마주하게 되는 사랑채 구역은 너른 마당을 중심으로 정면의 사랑채와 오른편의 별채로 구성되어 있다. 집터의 정중앙에 위치한 사랑채는 누마루 없는 '一'자형 한옥으로, 남쪽 지방에서는 보기 드문 겹집 구조에 툇마루가 이어진 5개의 방으로 구성되어 있다. 업무를 보는 사랑방은 건물의 한가운데 위치하고, 집의 여느 곳과 마찬가지로 검소하고 단순하다. 사랑방의 양옆으로 있는 방들은 툇마루에 미닫이문을 달아 마루방으로 만들었다. 사랑채에서 특이한 것은 방의 뒤편으로 있는 작은 목욕 공간으로 가마솥에 데운 따뜻한 물을 쓸 수 있도록 바깥에서 불을 땔 수 있는 아궁이가 있다.

여성들의 공간인 안채 구역 역시 실용적으로 발달한 모습이다. 작업 공간인 넓은 안마당을 중심으로 안채, 광채, 우물, 장독대, 그리고 지금은 터만 남아 있는 별채가 동선을 고려해 효율적으로 배치되어 있다. 안채는 대청마루와 2개의 방, 부엌으로 구성되어 있고, 안방에서 이어지는 부엌 위쪽으로 큰 다락방이 있다. 다락의 여러 창을 통해 집 주변의 농지를 살펴볼 수 있게 했는데, 측면의 창은 마치 작은 발코니 같은 독특한 공간으로 만들었다.

광채는 만석꾼 가문의 광채답게 매우 큰 규모다 창 하나 없이 돌을 섞은 흙벽을 단단하게 쌓아 올리고 출입용 판문만 설치한 다음 우진각 지붕을 올렸다. 내부는 높은 대들보를 지지하고 있는 두개의 기둥을 휘어진 나무 그대로 사용하여 자연미를 살렸다.

대문채 바깥으로도 작업을 위한 너른 마당이 있다.

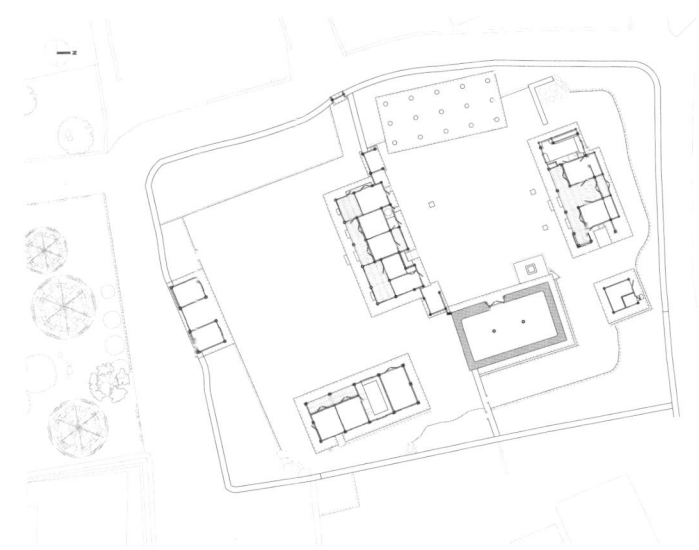

성인의 키보다 낮은 소박한 흙담과 담백하면서도 세련된
평대문이 인상적이다. 흙담은 여러 차례의 수리로 인해
변형되었던 것을, 일부 남아 있는 원형을 확인하고 마을 내
유사 사례 조사를 통해 원형으로 복원했다.

만우 조홍제 생가

사진: ⓒ 김용관

96

만우 조흥제 생가

대문을 들어서면 정면으로 보이는 사랑채는 집의 정중앙에 위치해 있다. 남쪽 지방에서는 보기 드문 겹집 구조로, 재미있는 것은 전면 열에는 모두 마루를 두고 후면열에는 모두 온돌방을 둔 것이다. 사방이 열려있는 누마루를 둘 경우 여름 한 철밖에 사용하지 못하므로, 사방에 문을 달아 사계절 사용 가능하도록 한 것이다. 또, 겹집 구조는 겨울철 보온에 유리할 뿐만 아니라, 방의 개수가 늘어나게 되므로 실용적으로 사용할 수 있다.

사대부가의 사랑채는 가문의 권위를 보여주는 공간으로 대문을 통해 집 안으로 들어섰을 때, 그 위용이 드러나게 짓는 경우가 많다. 반면, 조홍제 생가의 사랑채는 단순한 입면이 반복되며, 허례허식 없이 실용적이고 합리적인 외관을 하고 있다.

안마당과 바로 이어지는 사랑채의 뒷면에는 목욕 공간, 아궁이, 복도 등이 있어 간결한 느낌의 정면과는 다른 다양한 입면을 보여준다.

보수 전 사랑채의 모습

조홍제 생가의 사랑방은 당대 만석꾼으로 지역 사회를 이끌던 가문의 핵심 공간이다. 업무를 보고 수많은 객이 내왕하는 공간임에도 집의 여느 곳과 마찬가지로 검소하고 단순하다. 4평 남짓의 방에 집주인의 업무 공간과 접객 공간이 미닫이 문으로 나누어져 있을 뿐이다.

만우 조종제 생가

보수 전 안채의 모습

만우 조훈제 생가

안채 역시 전통적인 규범을 따르기보다는 실용성을 우선한 구조. 대청을 중심으로 같은 크기의 드 방이 대칭되어 있으며 양 끝으로 좌측에는 부엌, 우측에는 아궁이와 다락·누마루 등이 있다. 기둥 간격과 입면 형태를 통일하면 시공할 때 더 경제적임에도, 양 끝칸의 그 성 변화로 전체적인 외관이 지루하지 않고 다양하도록 만들었다.

만우 조흥제 생가

만우 조훈제 생가

살림 규모에 비해 단출한 부엌과 안방은 옛 주인의 검소하고 살뜰한 살림 솜씨를 짐작하게 한다. 이 집의 안채와 사랑채 뒤편에 벽장 공간을 확장하여 수납·목욕 공간 등 다양한 공간으로 사용했는데, 안방은 옷가지 등을 보관하는 수납공간으로 쓰였다.

부엌은 안방의 온돌을 데우는 아궁이가 있어 마당보다 아래로 내려가는 구조다. 이로 인해 남게 되는 윗공간에 다락을 만들었다. 일반적인 다락은 부엌과 동일한 면적으로 만드는 데 비해 이곳은 출입구 전면 공간을 일부 비워내 작은 부엌의 답답함을 해소하는 기지를 발휘했다.

만우 조홍제 생가

광채는 이 집에서 가장 인상적인 공간이다. 만석꾼 가문의 광채답게 큰 규모에, 가마니를 실은 수레가 드나들 수 있도록 두짝문을 달았다. 가장 큰 자산인 곡물을 보관하는 곳으로, 금고처럼 사방이 모두 막혀 있고 두꺼운 벽을 쌓아 외부에서 침입하지 못하도록 만들었다.

건물의 외부를 감싸는 단단한 흙벽을 구조체로 사용하여 지붕 구조를 올렸으며 나무 기둥은 내부에 2개만 세웠다. 튼튼하게 쌓은 벽체였지만 세월의 무게는 이기기 어려워 수리 전 힘을 많이 받는 부분만 집중해서 벽체가 갈라지고 있었다. 수리할 때 벽체 윗부분에 균등하게 힘을 받을 수 있는 수평 목재를 대서 구조를 보강했다. 보강한 목재는 외관을 전과 동일하게 흙벽으로 감싸서 보이지 않도록 처리했다.

옛 별채터에서 바라본 안마당.
작업 공간인 넓은 안마당과 광채, 우물, 장독대가 동선을
고려해 효율적으로 배치되어 있다. 대량의 곡물을 수확,
정리, 수납하기에 최적의 환경이다.

108

민우 조흥제 생가

바닥, 디디어 오르다

E 지난 시간에 터를 고르고 다듬었으니, 말씀하신 대로 집짓기의 절반은 끝낸 셈이네요. 그럼 이제 본격적으로 집을 지어볼까요?

김 집을 짓기 전에 먼저 기단부터 쌓아봅시다. 기단은 육중한 상부 구조를 유지하기 위해 바닥을 고르게 수평면을 만들려고 쌓는 것인데요. 기능적으로는 구조를 안정화시키면서 지면에서 올라오는 습기나 열기로부터 집을 보호하는 역할을 합니다. 한편으로는 접근을 어렵게 해서 사회적 위계라든가 권력을 만들어내기도 하고요. 바닥의 높이가 달라지면 그 위에 서거나 앉는 인간의 시선도 달라져요. 높으면 대상을 내려다보고 낮으면 올려다보게 되겠죠. 시선의 변화는 자연 경관을 변화시키기도 합니다. 가령, 해변에 서서 바다를 바라보면 해안선과 수평선 같은 선적 요소들을 보게 되지만, 높은 곳에서 바다는 면으로 보여요. 바닥면의 차이는 곧 계급적 차이이기도 하죠. 대체로 높은 곳은 신성하고, 낮은 곳은 비천하다고 해요. 화려한 건축물을 표현할 때 '고대광실(高臺廣室)'이라고 하잖아요. 높은 단 위에 있는 큰 집이란 뜻이죠. 중국의 중원은 평야지대라 높은 대를 쌓아 위계를 만들어내고자 했던 거예요. 고대 메소포타미아의 지구라트(ziggurat)도 마찬가지입니다. '높은 곳'이라는 뜻이에요. 이 높이를 통해 위계나 지위, 신성함을 만드는 것이죠. 우리나라의 경우 <삼국사기> '옥사조(屋舍條)'라고, 최초의 건축법이기도 한데요. 신라에서는 진골 이상만 특정 기단을 쓸 수 있다는 식의 규정이 있었어요. 기득권에 대한 침해를 막으려고 했던 거죠.

또 한편으로는 '수평(水平)'이라는 개념도 참 흥미로운데요. 서양의 기하학적인 개념의 'horizontal'과는 조금 다른 것 같아요. 생활을 통한 체득적인 과학이라고 할까요. 우리나라는 예부터 벼농사를 주로 지었는데, 이건 밭농사와 달리논에 가둔 물이 일정 온도 이상이 되어야 가능한 거예요. 산이 발달한 우리나라 지형에서 저지대는 무조건 논으로 만들어야 했고, 그렇지 않은 곳에서도 논을 만들려면 수평을 잘 잡는 것이 관건이었죠. 그에 따라 관련 기술이 발전했겠지요. 이것이 건축에서 수평에 대한 감각, 그리고 수평면을 만드는 기술과 무관하지 않을 것이라고 생각해요.

기단의 수평면을 만드는 데 흙으로만 쌓으면 무너지기 때문에 돌, 벽돌, 전돌, 기와 등을 같이 사용하는데, 그래서 '석축'이라는 말이 보편적으로 쓰이죠. 쌓는 방식도 상황과 형편에 맞춰 다양한 방식으로 발전했고요.

E 듣다 보니 터를 단단히 다지고 그 위에 이렇게 돌로 기단까지 쌓았는데 굳이 초석까지 필요한 것인지 궁금해집니다.

강릉 경포대의 내부 바닥의 고저차를 추상적으로 재현한 <통의동 경포대>
온지음 집공방 작
: 바닥 높이의 차이를 신체적으로 체험하고 시선의 변화를 느끼는, 바닥만으로 이루어진 건축이다.

바닥, 디디어 오르다

김　초석은 정말 기능적인 문제인데요. 나무 기둥이란 이를테면 송곳 같은 거예요. 지붕같이 무거운 물체를 이고 있으면 이게 점점 땅을 뚫고 들어가는 거죠. 나무 기둥 지름이 30cm라고 해봐야 집 전체 사이즈와 비교하면 바늘 정도죠. 0 걸로 어떻게 집을 유지하겠어요. 이것이 집을 지을 때 굉장한 고민이였죠. 목구조의 출발부터 이 문제를 해결하기 위한 것이었고 결과적으로 구조법이 발달하게 됩니다.

E　밑에 편평한 돌을 깔고 그 위에 올려놓는 발상은 자연스럽고도 필연적인 것이었겠네요.

김　그런데 그게 또 생각보다 쉽지가 않아요. 그냥 올려놓으면 흔들려서 집이 안정이 안 되거든요. 인공의 수직을 유지한다는 것이 생각보다 어렵죠. 스탠리 큐브릭 감독의 <2001: 스페이스 오디세이>라는 영화를 보면 초반에 원숭이들이 그냥 짐승처럼 지내다가 어느 날 수직으로 세워진 인공적인 돌을 발견해요. 그러고는 막 환호하고 돌에 경배를 하는데, 그러다가 도구도 발견하게 되고 그러다 바로 다음 장면이 우주로 바뀌면서 우주정거장이 등장하죠. 이게 무슨 얘기냐면 돌을 세웠다는 것이 인류 최초의 건축적 행위라는 겁니다. 중력을 이긴 최초의 사건이에요. 중력은 우리가 이 땅에 발붙이고 살 수 있게 해주는 요인이기도 하지만 동시에 큰 제약이기도 해요. 막대기 같은 걸 세워 놓으면 다 넘어지는데 지붕을 어떻게 만들겠어요. 그러니 원시시대에는 동굴 속에 들어가 사는 수밖에 없는 거죠. 최초의 구조물은 고인돌(dolmen)이 아니라 선돌(menhir)입니다. 인류가 중력을 거슬러 최초로 세운 것. 스탠리 큐브릭 감독에게 굉장히 문명사적 통찰이 있는 것 같아요. 이것을 우주정거장까지 이어지는 문명의 시작이라고 본 것이잖아요.

자, 그럼 선돌을 세웠으니 그 위에다 드디어 지붕을 얹을 수가 있게 됩니다. 선돌을 나무 기둥으로 바꾸어도 또 문제가 생기죠. 이게 위로는 구조물을 뚫고 들어가고 아래로는 땅을 뚫고 들어가는 거예요. 앞서 말한 대로 송곳이 되어버려요. 사실 나무는 돌이나 흙에 비해 다루기가 굉장히 쉬운 재료입니다. 구하기도 쉽고, 운반도 쉽죠. 근데 흔들린다는 문제가 있어요. 그래서 처음에는 땅을 파고 묻었다가, 두드려 박기도 했다가 많은 시도를 했던 것 같아요. 원시시대부터 그런 유적이 많이 남아 있는 걸 보면요. 두드려 박으면 안정되게 버티긴 하는데, 얼마 못 가 밑동이 썩어서 역시 무너져버립니다. 이래도 안 되고 저래도 안 되는 거예요.

E　그래서 드디어 초석이 등장하는군요?

김　흠, 이게 아주 한참 걸리는데… 답부터 해주자면 중국 고대 하은주 시대 중에서도 주나라 대

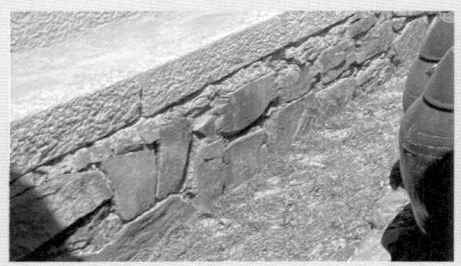
한옥에서 사용되는 기단 쌓기 방식의 예

바닥, 디디어 오르다

이르러서야 겨우 등장해요. 2000~3000년간의 시행착오를 거친 후에 주나라 때 드물게 등장해서 한나라 때 보편화되죠.

초석은 밑에 큰 구덩이를 파서 거기다 지정 기초를 또 해야 해요. 이 초석도 시간이 흐를수록 땅을 누르고 들어가거든요. 한옥에서 가장 큰 문제가 바로 이거예요. 기둥들이 똑같이 내려가면 집이 무너지지 않습니다. 그런데 그럴 수가 없어요. 지질 등 땅의 조건이 다 다르니까요. 초석을 놓고 이것을 유지시키기 위해서는 기둥만으로는 안 되고, 기둥과 연결되는 구조체가 안정되어야 해요. 그래서 목구조가 발전하지 않으면 초석도 불가능한 겁니다. 한옥에서 못을 안 쓰는 게 못질 자체가 나빠서가 아니라, 못으로는 지탱이 안 되기 때문이에요. 이 초석의 등장은 건축 발전사에서 중력에 도전해서 비약적인 발전을 이루기까지 매우 중요한 장면이지 않을까 싶어요. 지금도 어떤 일의 시작과 중요성을 '초석'이라고 표현하잖아요. 초석의 형태나 문양 같은 것은 장식적인 얘기고 본질은 그런 것이에요. 실용성을 무시한 미학은 존재할 수 없다고 생각합니다. 덤벙주초나 그렝이질도 실용과 효율이 먼저이지 거기에서 한국적 미감의 추구에 초점을 맞추는 건 무리라고 봐요. 미학자들은 이렇게 얘기하면 싫어하겠지만… 그럼 여기까지 하고 이제 바닥을 만들어 올려봅시다.

E   한옥은 흔히 한 지붕 아래 온돌과 마루가 공존하는 집이라고 하잖아요. 특히 온돌은 많은 한국인들이 한옥의 정체성을 이야기할 때 빼놓지 않는 요소이고요. 그만큼 한옥의 핵심 요소가 아닐까 싶어요. 아무래도 여름엔 덥고 겨울엔 추운 기후 영향일 것 같은데 그건 다른 여러 나라도 마찬가지잖아요. 왜 유독 한반도에서만 발달한 걸까요? 그 발전 과정이 궁금해요.

김   동서양을 막론하고 정착 생활을 시작한 초기 인류들은 땅을 판 뒤 바닥을 다져 지은 움집에 살았습니다. 흙바닥의 냉기와 습기를 피하고 조리나 기구 수선 같은 작업들을 편리하게 하기 위해 간단한 의자 같은 것도 고안했을 거예요. 지면에 붙어살던 인간들이 좀 더 높은 곳에 살기 위해서는 두 가지 방법밖에 없어요. 흙이나 돌을 쌓아서 고대를 만들든가 아니면 바닥면 자체를 띄우는 건데, 강철이 발명되기 이전에 띄워서 바닥으로 사용할 수 있을 만큼 인장력(引張力)이 강한 재료는 나무밖에 없었죠 (돌은 수직력 즉, 압축력엔 강하지만 수평으로 띄워놓으면 부러져요). 원래 마루는 '높다'는 뜻을 담고 있어요. 예를 들면 산마루, 용마루… 건축에서 마루는 나무 널로 만든 바닥을 의미하는데, 사실 언어상 '나무'라는 의미는 없었어요. '나무 바닥'으로 의미 변화가 일어난 거죠.

고구려 고분벽화 중에 '탑상'이라고 하는 일종의 낮은 마루를 볼 수 있는데요. 고구려의 방바닥은 흙다짐이나 전돌 바닥이었기 때문에 방의 일부분에 목구조에 나무 널을 깐 침상이나 좌상을 만들어 사용했어요. 일종의 '부분 마루'죠. 이것이 점차 넓이를 넓혀가서 방 한 칸의 기둥에 고정이 되면 '마루방'이 되고, 마루가 여러 칸을 차지하면 '대청'이 되는 식으로 발전하게 됩니다.

고구려 안악3호분 벽화 속 묘주가 앉아 있는 탑상을 가구에서 건축으로 변화하는, 건축적 바닥의 원형으로 해석한
<탑상, 낮은 마루>, 은지음 집공방 작

© 동북아역사재단

바닥, 디디어 오르다

© 예맥문화재연구원

초기 형태의 'ㄱ'자형 쪽구들과 과도기의
'ㄷ'자형 쪽구들, 조선의 온구들을 재현한
<구들, 온기의 확장> 은지음 집공방 작

온돌은 이름 그대로 따뜻한 돌 바닥면이에요. 마루가 지면보다 높은 곳에 띄워서 높이 차이를 만드는 데 특화된 바닥이라면, 온돌은 넓이 차이를 만드는 데 특화된 바닥입니다. 온돌을 만들려면 불길이 지나는 구들이 있어야 해요. 고구려의 경우, 집 안에서 신발을 신고 생활하는 입식이었는데 아궁이에서 출발해 집 내부 벽면을 따라 'ㄱ'자로 꺾인 '쪽구들'이 설치되어 있었어요. 집 안에서 신발을 신고 생활하다가 쪽구들에 앉을 때나 누울 때만 신을 벗는 식으로 사용한 거죠. 쪽구들은 일종의 누운 굴뚝과 같아서 불길이 지나는 고래가 한 줄이에요. 이것이 시간이 지나 기술이 발전하면서 두세 줄을 겹쳐 구들면을 넓혀가는 겁니다. 이렇게 고래의 수를 늘려 겹쳐 설치하면 방바닥 전체를 구들로 채우는 '온구들'을 만들 수 있게 돼요. 물론 화력을 골고루 분산시킬 수 있는 장치와 기술들이 필요해서 17세기 이후에야 일반화되었어요. 그리고 그 발전 과정에서 지구의 소빙하기가 한몫을 하기도 했고요. 한반도 동부 지역에서는 이미 신석기 시대 움집에서 원초적이나마 온돌의 흔적이 나타나요. 이것을 고구려 쪽구들처럼 지면 위로 들어 올리는 데 수천 년의 시간이 지나야 가능해졌고, 온구들로 발전하는 데까지 또다시 1000년 정도가 걸린 겁니다.

사실 마루와 온돌 그 각각은 한반도 고유의 발명품은 아니에요. 나무 바닥은 동서양을 막론하고 흔히 볼 수 있고, 온돌도 시베리아 동북부 지역에서 볼 수 있죠.

온돌은 불을 가까이하고 바닥면이 낮을수록 열효율이 높은 겨울용 바닥이에요. 마루는 불을 멀리하고 바닥이 높아지는 여름용 바닥이죠. 극단적으로 상반된 두 바닥을 하나의 건물에, 동일 수평면상에 구현한 것이야말로 한옥의 위대한 성취이자 건축적 성공이 아닐까 생각합니다. 마루만 있는 집은 전 세계적으로 많고, 온돌만 있는 집도 꽤 있습니다. 그런데 이렇게 한 집 안에 두 바닥을 갖고 있는 집은 없어요. 기술적으로 힘들죠.

공간의 성격도 온돌방은 사적인 공간이고 마루는 공적인 공간으로 대조적입니다. 기능적으로는 차 있는 공간과 비어 있는 공간으로 대조적이기도 하고요. 이것은 한옥의 어법이기도 한데요. 한옥에서 건축은 건물과 마당이 한 쌍으로 이루어져요. 일반적으로 마당은 땅이지 건물은 아니잖아요. 하지만 생활 공간으로서 마당도 건축이 되는 것이죠. 만약 한옥의 최소 단위를 방과 마루 한 쌍의 실내로 한다면 마루는 마당의 역할을 하게 됩니다.

차 있는 공간이 있으면 비어 있는 공간도 있어야 해요. 비어 있는 공간이 없으면 차 있는 공간도 쓸 수가 없죠. 음과 양이 같이 있어야 온전해집니다. 한옥이 이러한 추상적 철학을 염두에 두고 만들었다기보다는 아무래도 사계절이 있다 보니 실용을 추구하는 과정에서 자연스럽게 터득한 이치가 기술을 통해 건축에 반영되었다고 보는 편이 맞겠죠.

'지금, 여기'의 한옥

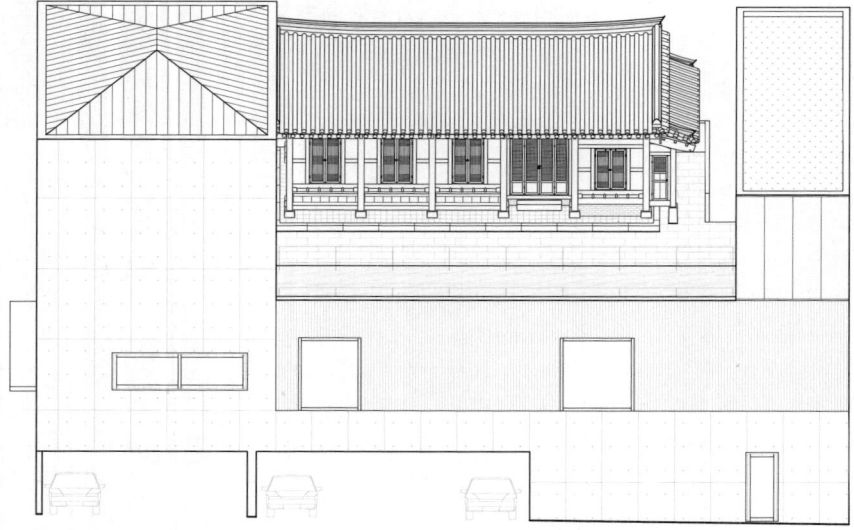

아름지기 사옥 한옥

'지금, 여기'의 한옥

건축의 맥락을 생각하다

경복궁을 중심으로 한 이 지역 일대는 언뜻 상반되어 보이는 요소들이 공존하고 있다. 경복궁을 비롯한 한옥들과 현대식 고층빌딩들, 길게 뻗은 광장과 자동차들로 넘쳐나는 대로, 그 이면의 왁자지껄한 먹자골목과 소담한 옛 골목들, 한복을 차려입은 외국인들과 양복 차림의 직장인 무리들. 좀처럼 어울릴 것 같지 않은 이질적인 요소들이 한데 섞여 이곳만의 독특한 생기를 만들어낸다.

 이 모든 것들의 정점인 광화문 앞에서 사직로를 따라 서촌 방향으로 걷다가 경복궁 담장을 끼고 모퉁이를 돌면 청와대로 향하는 길, 효자로가 나온다. 모퉁이 하나를 돌았을 뿐인데 여기서부터는 조금 전까지 걷던 거리와 사뭇 다른 분위기가 펼쳐진다. 차량이 잦아든 찻길과 길게 이어진 높고 단정한 경복궁의 사고석담[1], 훤칠한 가로수를 따라 걷노라면 호젓하면서도 청신한 정취에 이곳만 시간이 다르게 흐르는 것처럼 느껴진다. 이 길 건너 맞은편 효자로 17에는 경복궁 담장과 대구를 이루듯 군더더기 없이 반듯하고 세련된 외관의 높지 않은 건물 한 채가 눈길을 잡는다. 아름지기 사옥이다.

 아름지기는 의식주와 관련된 전통 문화유산을 보존하고 이를 창조적으로 계승하는 일을 하는 비영리 재단이다. 아름지기의 사옥은 단순한 업무 공간이 아닌 이 재단이 추구하는 이념과 역할을 표방하는 상징물로서 재단이 하는 일과도 무척 닮아 있다. 경제성을 좇아 좀 더 높게, 확실한 랜드마크가 될 수 있을 만큼 압도적인 건물 대신 아름지기 사옥은 전통 건축과 현대 건축의 공존 방식, 그리고 경복궁을 이웃한 이 구역의 사회적·역사적·정서적 맥락이 이지러지지 않도록 고심한 '지금, 여기'의 건축을 선보인다.

1) 네모지게 다듬은 돌로 쌓은 담장.

아름지기 사옥을 바깥에서 바라보았을 때 한옥은 거의 보이지 않는다. 노출콘크리트, 목재, 유리가 차례로 층을 이루는 네모반듯한 현대적인 건물은 높지도 크지도 않아서, 안에 마당을 낀 한옥 한 채가 오롯이 들어앉아 있을 것이라고 생각하기도 힘들 듯하다.

전체 4층으로 이루어진 사옥은 지하는 다용도 공간, 1층은 전시 공간으로 이용되고, 2층에서 4층까지는 독립적인 영역으로 업무를 위한 사무 공간이다. 각각의 다양한 공간은 쓰임에 따라 독립적이면서도 중정을 통해 서로 긴밀하게 연결되고 소통한다. 아름지기의 한옥은 바로 여기 중정이 있는 2층에 자리 잡고 있다.

사옥의 2층은 채로 분화되는 전통 건축의 어법에 따라 마당을 가운데 두고 한옥과 비한옥이 조화롭게 배치되어 있다. 한옥은 전면 5칸, 측면 2칸의 '一'자형으로, 아담한 크기에도 전실을 가운데 두고 양옆에 다목적홀과 온돌방을 갖추었다. 다목적홀에는 마당과의 사이에 툇마루가 있어 외부에서도 편리하게 사용할 수 있으며, 온돌방에는 방에서만 출입이 가능한 작은 느마루가 딸려 있다.

특이한 것은 접객과 전시 등 이 공간의 다양한 쓰임을 고려하여 입식으로 설계된 부분이다. 전실과 주요 공간인 다목적홀의 바닥을 우물마루 구조 그대로 석재틀짜 맞춰 신발을 신고 벗어야 하는 불편 없이 이용할 수 있도록 만들었다. 입식 공간인 다목적홀과의 공간적 비례를 고려하여 온돌방과 툇마루의 높이도 낮췄다. 온돌방은 한국 전통 건축에서 기능적으로나 미학적으로 가장 중요한 부분이다. 아름지기 한옥의 온돌방은 전통 생활 가구나 소품으로 실제 생활 공간처럼 연출해 한국 전통 문화로서 '방'이라는 공간의 미감을 보여준다.

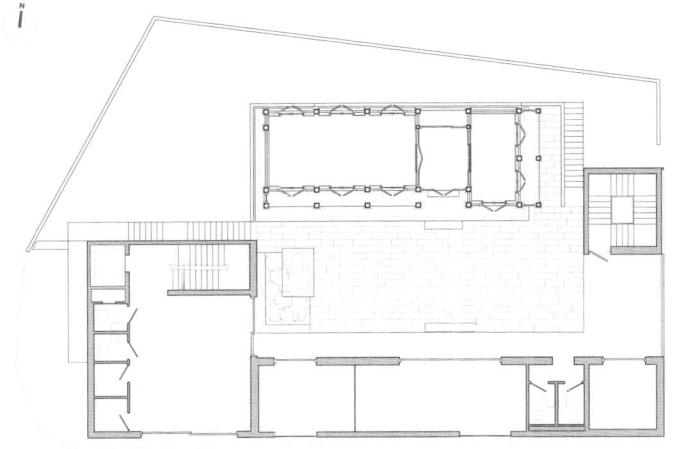

효자로에서 바라본 아름지기 사옥의 외관.
거리의 분위기나 이웃 건물들과 이질적이지 않으면서도
세련된 미감의 현대 건축물이 요란하지 않게 존재감을 발하고
있다. 크지 않은 이 건물 어딘가에 한옥이 있다면, 어디에
어떤 형태로 자리 잡고 있을까.

© 김용관

아름지기 사옥 한옥

ⓒ 김용관

아름지기 사옥 한옥

2층 안쪽에서 전면을 향해 바라본 모습.
마당을 가운데 두고 한옥과 현대 건축 공간이 'ㅁ'자로 배치되어 있다. 전통과 현대가 각자의 언어로 서 있지만, 대치가 아닌 대구로서 공존한다. 용적률을 포기하고 과감하게 자리 잡은 마당은 각 건물이 연결되고 소통하는 매개의 공간이자 다양한 프로그램의 주 무대가 되기도 하는 열린 공간이다.

마당을 향해 설치된 한옥의 툇마루는 실내 공간과 마당을 유기적으로 연결하며 유연하게 활용되는 장치다. 한옥과 마주한 현대건물 역시 한옥의 구축 방식과 재료를 현대 건축의 구법으로 풀어내며, 하나의 건축물로서 관계성과 완결성을 보여준다.

노출 콘크리트와 화강암, 다른 결의 두 목재가 절제된 가운데 조화를 이룬다. 한 건축물 안에 공존하는 현대 건축과 전통 건축의 관계성과 두 유형의 건축이 각자의 존재감을 드러내는 방식에 대한 건축가의 고심을 읽을 수 있는 장면 중 하나다.

아름지기 사옥에서 벌어지는 여러 행위를 담아내는 이 공간은
한옥에서 대청마루 격인 공간이다. 전시, 행사, 교육 등
다양한 쓰임을 고려하여 입식으로 계획하되, 대청마루의
널 구조 그대로 석재를 짜 맞춰 마루의 느낌을 살리고, 신발을
신고 벗어야 하는 불편 없이 이용할 수 있도록 만들었다.

아름지기 사옥 한옥

다목적홀과 전실, 온돌방. 아름지기 한옥의
각 공간에서 창이 품은 풍경들.

128

아름지기 사옥 한옥

129

아름지기 사옥 한옥

겹문을 통해 연출되는 실내의 표정들.
들어열개문을 올려 방의 전시 풍경을 더 넓은 프레임으로
보여주거나, 방과 메인 전시 공간이 하나로 연결되도록
변형이 가능하다.

아름지기 사옥 한옥

한옥의 온돌방. 실제로 이 공간에서 생활하지는 않지만 '방+마루'라는 한옥의 언어를 충실히 구현하여 한옥의 미학을 보여준다.

아름지기 사옥 한옥

132

아름지기 사옥 한옥

현대 한옥의 품격

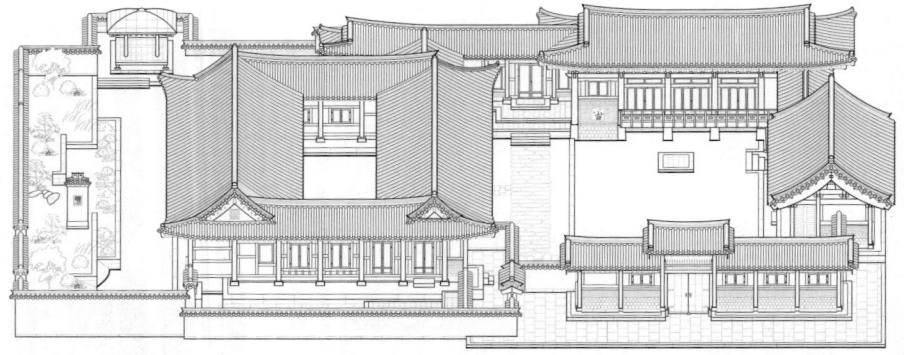

현대중공업 영빈관

현대 한옥의 품격

압도적인 풍경 속 유일무이한 한옥

한국의 대표적 공업도시인 울산은 온화한 기후와 수심이 깊은 동해안의 자연환경적 특성, 그리고 일본·미국과의 교역에 용이한 지리적 이점으로 1972년 현대중공업의 조선소가 처음 이곳에 설립되었다. 당시 조선업계 세계시장 점유율 1%에도 못 미치던 현대중공업은 10여 년 만에 세계 1위 조선기업으로 우뚝 서며 이를 기반으로 해양플랜트, 엔진기계 분야 등으로 사업 영역을 확장해갔다. 국내에서는 '울산' 하면 많은 사람들이 현대중공업을 떠올릴 만큼 오늘날 현대중공업은 한국을 대표하는 조선해양기업이자, 세계가 인정하는 글로벌 1위 기업으로 세계시장을 선도하고 있다. 이에 따라 세계 각국에서 찾아온 고객들과 국빈들로 이곳에서는 연중 각종 행사들이 끊이지 않는다.

현대중공업의 VIP 고객을 위한 '영빈관'은 이름 그대로 귀한 손님을 맞기 위한 집이다. 조선소 건립 당시 고객이나 국빈들을 위한 숙박시설이 없어 조선소 경내 현재의 위치에 영빈관을 지어 사용해오다가, 2009년 기존 영빈관의 리모델링을 계획하면서 아예 새로 짓게 되었다. 해외 바이어들은 물론, 각국 정상들도 방문하는 곳이니만큼 새 영빈관은 한국의 전통문화를 보여주면서, 귀한 손님들을 예우하기에 부족함이 없는 품격 있는 공간으로 한옥 영빈관을 선보이게 되었다.

영빈관은 바다를 면한 야트막한 둘안산 위, 조선소가 내려다보이는 곳에 위치하고 있다. 풍수적으로도 최고의 길지라는 이곳 영빈관의 누마루에서는 다른 곳에서는 볼 수 없는 이색적인 풍경을 만나게 된다. 섬 하나 보이지 않는 망망대해의 수평선과 거대한 크레인, 그리고 조선소 야드가 펼쳐진 풍경이다. 경탄이 나올 만큼 압도적인 풍경 한편으로는 '귀빈을 위한 숙소'로서 한옥이 들어서기에는 해결해야 할 과제가 많았다. 기와를 움직일 정도의 강한 바닷바람과 염분, 조선소의 소음과 분진, 다소 삭막한 조선소 풍경 등. 한옥 영빈관의 이 과제들을 해결하기 위한 탐구는 곧 현대 한옥의 답을 찾아가는 과정이기도 했다.

영빈관은 크게 공적 공간인 연회장 영역과 사적 공간인 객실 영역으로 분리된다. 두 영역 모두 각 마당을 중심으로 한옥들이 에워싼 사동중정형 배치로, 전통 한옥의 사랑채와 안채로 분리되는 형식을 보여준다. 연회장 영역은 행사의 장소로 사용되기 때문에 넓고 개방적인 데 반해, 객실 영역은 하나로 이어진 네 건물이 작은 마당을 중심으로 배치되어 좀 더 아늑하고 내밀한 느낌을 준다.

연회장 영역의 우인루는 솟을대문을 통과하자마자 정면에 마주하게 되는 사랑채 격의 연회장으로, 파티나 회동 등의 쓰임에 맞게 넓은 방 하나에 넓은 누마루가 이어진 간결한 구조다. 건물 뒤편으로는 숲이, 누마루 쪽으로는 탁 트인 바다가 펼쳐져 각 창문과 누마루의 기둥 사이로 이 풍경들을 담는다. 난간을 두른 넓은 누마루는 연회의 장소이기도 하고, 행사를 준비하는 공간인 별채로 이어지는 접점 역할을 하기도 한다. 누마루 아래로는 마당에서 보이지 않던 또 다른 정원에서 누하 진입을 통해 영빈관 안으로 들어오는 연결 계단이 있다.

객실 영역은 귀빈들이 묵는 사적 공간인 만큼, 연회장과는 확연히 다른 내부 구조와 분위기로 한옥의 기감을 보여 준다. 너른 대청마루를 중심으로 양쪽에 방을 배치한 전통적인 구조에 객실의 각 공간은 좌식이 익숙하지 않은 외국 손님들을 위해 좌식과 입식을 모두 갖추고, 여기에 최고급 자재와 설비로 귀빈을 맞기 위한 예우를 차렸다.

'바닷가 조선소 안'이라는 입지 조건에 대비하기 위해 당시로서는 혁신적 공법인 보온재와 방수필름을 서까래와 기와 사이에 설치했는데, 실무적 우려에도 불구하고 현재는 매우 일반화된 공법이 되었다. 한옥의 외부 창호는 북유럽의 창문을 개량한 목재 시스템 창호를 설치해서 단열과 방음을 높였다. 이 경험을 바탕으로 이건창호와 함께 한식 시스템 창호를 개발하기도 했다.

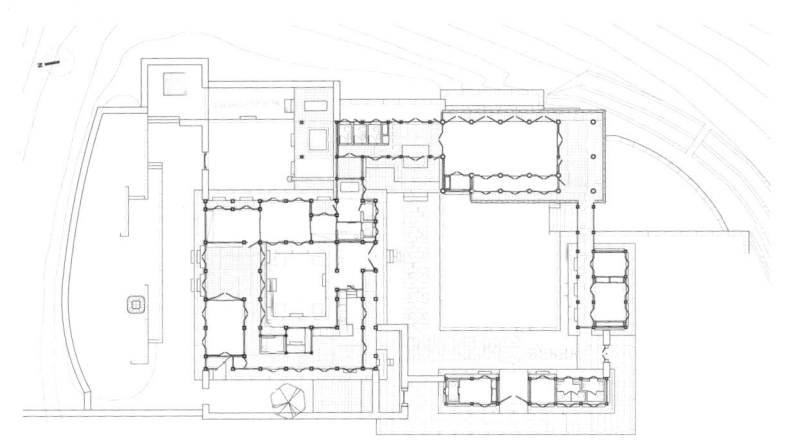

망망대해를 배경으로 자리 잡은 현대중공업 영빈관 전경.
각각의 마당을 중심으로 공적 공간인 연회장 영역과 사적
공간인 객실 영역으로 나누어진다.

현대중공업 영빈관

솟을대문을 지나면 영빈관의 가장 중심 공간인 연회장
'우인루'와 마주하게 된다. 연회장과 연결된 누마루에
오르면 넓게 펼쳐진 동해 바다가 눈을 시원하게 한다.
마당의 판석을 따라가면 누마루 아래로 내려가게 되는데
마당에서 보이지 않던 또 다른 정원과 숲으로 이어진다.

현대중공업 영빈관

현대중공업 영빈관

우인루 누마루에 서면 이곳에서밖에 볼 수 없는 진귀한
풍경이 펼쳐진다. 동해 바다와 거대한 크레인, 조선소가
장관을 이룬다.

현대중공업 영빈관

연회장 내부는 파티나 회동 등의 쓰임에 맞게 넓은 방 하나에 누마루가 이어진 간결한 구조로 이루어져 있다. 연회장 뒤편으로 숲이 둘러싸고 있어 창을 통해 청량한 풍경이 가득 들어온다.

현대중공업 영빈관

객실 한옥채는 귀빈들이 묵는 사적인 공간인 만큼, 바깥쪽으로부터의 시선을 차단하기 위해 내벽을 쳤다.

연회장과는 확연히 다른 내부 구조와 분위기는 한옥의 미감을 보여 준다. 너른 대청마루를 중심으로 양쪽에 방을 배치한 전통적인 한옥 구조에 품격 있고 절제된 가구와 소품을 활용하였다. 창을 열면 후원이 액자 속 사진처럼 담긴다.

현대중공업 영빈관

객실의 각 공간들은 좌식이 익숙하지 않은 외국 손님들을 위해 좌식과 입식을 모두 갖추었다. 이 중 입식 공간에는 한옥과 어울리는 높이와 비례를 적용하여 모던한 형태의 가구를 제작했다.

149

수용 인원에 맞게 곳곳에 배치된 객실의 편의 시설은 최고급 자재와 설비로 귀빈을 맞기 위한 예우를 갖추었다.

현대중공업 영빈관

대문 밖으로는 대구모 조선기지가 포진해 있지만, 막상 한옥 안으로 들어오면 다른 세계에 들어온 듯 호젓하고 아름답다. 세심하게 디자인된 외부 공간과 아름다운 꽃담이 한몫한 듯하다.

지붕, 해를 가리다

E   집의 본래 기능이나 원형, 의미를 생각해봤을 때, 지붕이야말로 건축의 가장 본질이자 핵심이 아닐까 하는 생각이 들어요. 벽이 없는 정자 형태의 집은 기능할 수 있지만, 지붕이 없는 집은 의미가 없잖아요.

김   가장 원초적인 건축을 '셸터(shelter)', 즉 피난처, 보금자리 이런 개념이라고 얘기를 해요. 동물의 둥지처럼 모진 비바람이나 뜨거운 햇빛을 피하기 위해 호모사피엔스가 만든 셸터가 모든 건축의 출발이라고 하죠. 원시 시대에 인류가 가장 손쉽게 사용할 수 있는 셸터는 자연 동굴이었을 겁니다. 비바람과 햇빛은 물론이고 더위와 추위, 맹수의 공격으로부터 안전한 최상의 거주 공간이었겠죠. 그런데 자연 동굴은 인류의 수요만큼 흔하게 있는 것이 아니라 특수한 지각 변화로 인해 제공되는 극소수만의 축복이었어요. 알타미라 동굴을 비롯한 전 세계 구석기 동굴은 셸터라기보다는 신성한 제의의 장소, 종교적 장소로 쓰였습니다. 따라서 대부분 인류는 인공적 구조물을 만들어야 했겠죠.

해를 가리면 그늘이 생겨요. 자연적인 그늘을 만드는 나무나 바위가 없는 곳에서 인간은 인공적인 장치를 만들어 그늘을 만들었습니다. 아마 나뭇가지 몇 개를 얽고 나뭇잎 따위를 덮은 가장 초보적인 형태에서 사냥한 짐승의 가죽을 덮은 피막(皮幕), 나중에는 직조한 천을 짜서 덮은 장막(帳幕)으로 발전했을 거예요. 그렇게 탄생한 천막은 인류의 태동과 함께 발생한 최초의 건축입니다. 최초는 곧 본질적이라는 뜻이고, 최소라는 뜻이기도 해요. 비와 해를 가리는 이 최소의 건축적 목적은 기둥을 세우고, 벽을 치고, 창을 내고, 지붕을 덮고, 또 공간을 확대하고 각각의 요소를 장식하는 방식이 고도화되면서 각국의 다양한 전통 건축 및 현대 건축으로 발전하게 됩니다.

또 한편으로는, 대지의 모든 곳이 햇볕에 노출될 때 인공적인 그늘은 특별한 장소적 의미를 갖게 됩니다. 시원하고 쾌적하게 거주할 수 있다는 기본적인 사실 외에도 자연에 도전해 인간이 뭔가 이루었다는 상징적인 장소가 되기도 하죠. 그래서 장막은 유대교의 성전이 되고, 어막차(御幕次)는 왕의 일시적인 왕실이 되기도 했고요.

이런 맥락이라면 인간의 셸터에서 가장 핵심이 지붕인 건 맞아요. 그런데 이렇게 생각해볼 수도 있겠죠. 건축에서 더 근본적인 게 내부와 외부를 경계 짓는

햇볕과 비를 차단하기 위한 가설 시설인 차일. 조선 말, 국장례식 행렬 사진을 참고하여 현대화했다. 온지음 집공방 작

지붕, 해를 가리다

것이라면요? 더군다나 기후가 좋았다면 지붕이 그렇게 핵심적인 요구는 아니었을지도 몰라요.

　자, 너무 존재론적인 이야기로 빠질 것 같으니, 이제 한옥의 지붕으로 넘어갑시다.

　E　문외한의 눈으로 봤을 때 한옥의 지붕은 형태 면에서나 구조적으로 굉장히 어려워 보여요. 거기다 나무로 된 하부 구조가 그렇게 크고 두꺼워 보이는 지붕을 지탱하고 있다는 것도 신기합니다.

　김　지붕 올리기는 한옥 건축 기술에서 가장 힘들기도 하고 그만큼 중요한 과정이기도 합니다. 지붕은 그야말로 바닥으로부터 들어 올린, 정면으로 중력을 거부하는 장치잖아요. 그러다 보니 그걸 지지하는 방법들이 결국 한옥 건축 기술의 모든 것이라고 할 수 있죠.

　한옥의 목구조는 기본적으로 초석 위에 올라간 형태예요. 못질 없이 짜맞춘 이 목구조가 안정적으로 서있게 하려면 상부 구조가 묵직하게 눌러줘야 하죠. 이것이 한옥이라는 구조물 내에서 지붕의 역할이기도 합니다. 특히 기와지붕은 엄청나게 무거워요. 그렇기 때문에 상부 구조가 하부 구조를 누르며 지탱을 해요. 지붕을 가볍게 하는 순간 아래 목구조가 흔들려 버리거든요.

사람들이 사찰의 일주문 같은 걸 보면 갸름한 기둥 두 개가 초석 위에 얹혀서 크고 무거운 기둥을 이고 있는데 왜 안 넘어지냐고 많이 물어봐요. 그게 두 기둥이 지붕의 하중에 의해서 꽉 눌려 있기 때문에 가능한 거죠. 원래는 하부 구조가 상부를 받치는 건데, 그게 아니라 상하 서로 간의 힘이 균형을 이뤄야 안정적으로 지지되는 상호의존적인 구조예요.

　한옥 지붕을 만들기가 참 어려운 게 처마선 때문인데요. 이 '날아갈 듯한 처마선'이 삼차원적이에요. 정면은 물론이고 위에서 봐도 휘어 있고 옆에서 봐도 휘어 있어요. 휘어 있는 세 개의 선이 휘어진 면들과 만나 희한한 선을 만들어내거든요. 그러니까 x, y, z 축에서 모두가 변화되는 선을 갖고 있는 거죠. 아마 세상에 있는 지붕 중에 가장 어려운 선을 갖는 건축물이 한옥이 아닐까 싶어요. 가령, 기술적으로 어렵다고 해도 돔(dome)은 미적분으로 풀 수가 있어요. 돔의 원형을 반으로 자르면 예상할 수 있는 모양이 정확히 나오잖아요. 근데 한옥은 도면상으로도 정확히 나오질 않아요. 그러니까 이건 어떤 원칙으로 만들어낸, 기하학적 개념으로 만들 수 없는 선인 셈이죠. 한옥 건축 현장에 가서

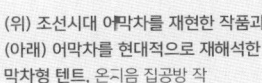

(위) 조선시대 어막차를 재현한 작품과
(아래) 어막차를 현대적으로 재해석한
막차형 텐트, 온지음 집공방 작

지붕, 해를 가리다

지붕선을 만드는 것을 보면 정말 놀라워요. 목수들이 지붕선을 만들 때 자나 어떤 기기를 사용하지 않고 감으로 잡거든요. 기둥 위에 보를 얹은 다음 지붕선의 기준이 되는 양끝의 추녀를 놓으면, 보조 격의 목수가 그 양쪽 추녀 끝에서 줄을 늘어뜨립니다. 그러면 대목장이 저 멀찌감치 떨어져서 늘어진 줄을 보고 지붕선을 가늠해요. 지붕선이 건물 규모나 모양과 잘 어울리는지, 그리고 주변의 자연경관과 잘 어우러지는지를 판단한 후, 여기에 본인의 취향을 조금 가미하기도 해서 지붕선을 잡아요. 이게 정확하게 측정하는 법을 모르거나 귀찮아서가 아니라, 지향하는 미감과 건축관이 자연과의 조화이다 보니 중력이 만들어내는 자연의 편안한 곡선을 추구하는 거예요.

다음으로, 나무 골격에 기와를 바로 올릴 수 없으니 지붕틀을 다 짰으면 여기에 개판이나 산자로 마감하고, 중도리 부근에 잡목으로 채웁니다. 이걸 적심이라고 해요. 적심 위에 단열과 지붕면을 고르게 하기 위한 흙인 보토를 깐 다음, 기와 등의 마감재를 올려서 지붕을 완성합니다.

E   오늘날 실제로 주위에서 볼 수 있는 한옥의 지붕은 기와지붕 정도인 것 같아요. 아마 많은 사람이 '한옥' 하면 기와지붕의 옛집을 떠올릴 텐데요. 물론 TV나 영화를 통해서 초가지붕이 있다는 건 알지만 직접 접할 수 있는 한옥의 지붕은 제한적입니다. 이 밖에 어떤 한옥 지붕들이 있나요?

김   지붕은 마감 재료에 따라 기와, 초가, 너와, 굴피 지붕 등으로 구분해요. 형태에 따라서는 맞배, 팔작, 우진각, 모임지붕이 있는데 이 중에서 주로 기와로 마감한 맞배와 팔작지붕을 많이 보았을 겁니다. 더러는 우진각 지붕도 있고, 모임지붕도 있었겠지만, 한옥 지붕에 대한 지식 없이 구체적으로 분간하기는 쉽지 않죠. 많은 사람이 맞배나 팔작지붕이 기와집의 형태라고만 생각하는데, 사실 마감 재료와 형태는 관계가 없어요. 기와의 특성상 그런 구조들이 잘 드러날 뿐, 초가나 너와 지붕도 앞에서 분류한 다양한 형태로 만들 수 있습니다.

한옥은 많은 부분에서 현대화가 이루어졌어요. 벽의 경우, 유리 같은 재료도 흔히 쓰고, 재료 면에서 많이 다양해졌죠. 근데 지붕은 그렇지 않아요. 한번 생각해 보세요. 지붕이 기와를 벗어 던지는 순간 그걸 한옥이라고 할 수 있겠어요? 기와가 없는 한옥을 제안할 수가 있을까요? 말했다시피, 지금은 방수 기술이 발전을 해서 굳이 기와를 쓸 이유가 없어요. 어차피 지금 기와 지붕 안에 방수 재료를 다 넣으니까 그 방수 재료를 보호할 수만 있으면 돼요. 그게 철판이어도 되고, 비닐이나 석회도 되고, 심지어는 아예 경사지붕 자체가 없어도 돼요. 현대 건축 기술이 이미 그걸 다 해결했으니까요. 애당초 기와집이라는 것이 기능적 요구에 따라 시대의 기술을 바탕으로 필연적으로 나온 건데 지금은 전혀 그런 상황이 아니죠. 굉장히 자유로운 조건인데도, 오히려 한옥의 정체성이라는 가장 어려운 질문에 맞닥뜨리게 돼요. 기술적으로 다른 재료를 올릴 수 없는 게 아니고, 다른 걸 올렸을 때 사람들이 이걸 한옥으로 안 받아들이는 게 문제인 거죠. 미학보다도 대중적 인식, 이미지의 문제예요. '기와지붕의 날아갈 듯한 처마선' 이런 것 없이도 모두가 '이것은 한옥이다'라고 받아들일 수 있을 것인가 하는. 심지어 건축가 스스로도 아직은 그런 시도가 주저되고, 건축주를 비롯한 일반 대중을 설득하기란 더 어렵거든요. 이것이 오늘날 한옥 건축에서 마지막으로 남은 숙제인 것 같아요.

지붕의 역할은 해와 비를 가리는 거예요. 떠 있는 수평면이 지붕의 기초적 정의인데, 현대 방수 기술이 발전하기 전에는 지붕을 평평하게 만들면 비가 새는 것을 막을 수 없기 때문에 경사면으로 만들었겠죠. 이 경사면은 지붕면과 벽면의 중간적인 존재인데도 불구하고 그걸 벽이 아닌 지붕으로 인식을 해요. 그리고 방수를 위해서 나무나 볏짚·기와 등으로 덮고, 이것이 집의 외부 형태로 그대로 노출되면서 지붕 재료와 집을 동일시해서 분류하죠. 가령, 우리나라에서 민가을 나눌 때 크게 초가집, 기와집, 너와집, 이런 식으로 지붕 재료에 근거해서 집의 종류를 나누잖아요. 벽체의 재료로 집을 구분하는 서양의 경우와는 다르죠. 서양 동화들을 떠올려

"한옥의 지붕이 기와를 벗어 던지는 순간 사람들이 그걸 한옥이라고 할까요? 반대로 기와가 없는 한옥을 제안할 수가 있을까요?"

지붕, 해를 가리다

보세요. 예를 들면 <아기 돼지 삼형제>에서는 각각 짚, 나무, 벽돌로 집을 지었는데, 집의 종류는 벽체의 재료로 구분돼요. 왜 유독 우리나라에서 이런 현상이 생긴 걸까요?

E 아무래도 외부인의 시점에서 보았을 때, 지붕이 외관에서 차지하는 비율도 그렇고 기능적인 면에서도 중요한 역할을 담당하고 있어서가 아닐까요?

김 그것도 맞다요. 정답은 하나가 아닐 거예요. 한옥은 세상의 건축물 가운데 가장 든든한 지붕이 있는 집일 겁니다. 집 크기의 절반을 차지하는 육중한 지붕이 아래의 기둥과 들보의 목구조를 고정시키고, 길게 뻗어 나온 처마는 실내로 들어오는 빛을 조절해주죠. 무엇보다 한옥을 미학적으로 규정하는 데 가장 중요한 요소인 것도 맞아요. 한옥에 문외한인 사람들도 날아갈 듯한 처마선의 미감에 대해서는 알고 있을 정도니까요. 이런 특이한 선으로 이루어진 지붕이니만큼 그 안에는 분명 고유한 미감과 아이덴티티가 있다고 해도 틀린 말은 아닐 겁니다.

그런데 한반도에서 기와가 일반화된 시기는 대략 기원 후 300~400년경이에요. 그전에는 기와집이 없었죠. 기와 없는 한옥의 시대였던 거예요. 더군다나 한옥의 지붕은 볏짚이나 갈대, 너와, 굴피 등 재료 면에서나 형태 면에서 생각보다 다양합니다. 그런데도 한옥=기와집, 이 인식을 깨기가 힘들어요. 왜일까요? 앞에서 답한 집의 외관에서 차지하는 비율, 기능도 맞지만 그게 전부인 것 같지는 않아요.

E 집공방에서 제시하는 기와지붕 대체재가 있나요? 재료 외에 형태 면에서도요.

김 대중들에게 수용이 가능하다면 제시할 수 있는 기와 대체재는 분명 있습니다. 형태적으로나 기능적으로는 굳이 기와가 필요하지 않아요. 그런데 이게 저희로서도 굉장히 어려운 문제인 것이, 말했다시피 재료 자체가 문제가 아니라 인식의 문제니까요. 저희 역시 계속 천착하고 있는 부분입니다.

전통 한옥의 다양한 지붕 형태

맞배 지붕

우진각 지붕

팔작 지붕

모임 지붕

현대 집합 건축으로서의 가능성을 모색하다

돈의문박물관마을
한옥 유스호스텔

현대 집합 건축으로서의 가능성을 모색하다

사라진 것과 남겨진 것

광화문 일대는 조선이 한양을 도읍으로 정한 이후 오늘날까지 서울의 가장 유서 깊은 번화가다. 광화문 앞쪽으로 뻗어 있는 조선의 육조거리[1]와 시전[2]이 있던 종로에는 이제 여느 메트로폴리탄 도시처럼 거대 빌딩들이 그 위용을 자랑하고, 육조거리와 시전이 만나는 지점에서 경희궁 방향으로 이어지는 큰길 새문안로 역시 5성급 호텔, 종합병원, 초대형 교회, 대기업과 언론사 사옥들이 도열하여 과거의 영광을 이어가고 있다. 이 마천루 틈바구니에 조금은 생경한 이웃, '작은 시간의 섬'이라 불리는 옛 새문안 동네가 있다.

새문안의 '새문'은 한양의 사대문 가운데 서대문, 즉 돈의문을 뜻한다. 새문안 동네는 돈의문이 갓 지어진 새 문이었을 때부터 이 안쪽에 있다고 해서 이름 붙여졌다. 지명만 남은 채 실체는 사라진 서대문(새문·돈의문)은 조선시대 한성부에서 개성, 평양, 의주에 이르는 가장 중요한 군사도로의 시작점이자, 중국에서 오는 외교사절이 거치는 외교로, 그리고 상인들의 무역로로서 나라의 중요한 관문이었다. 이처럼 중차대한 역할과 존재감만큼 유구할 것 같았던 큰문은 1915년, 일제의 강제 철거로 가뭇없이 역사 속으로 사라지고 말았다.

해방 이전 이 동네에는 외국의 영사관들이 자리했고, 해방 이후로는 1970년대 경기중·고, 서울고 등 주변의 명문 학교가 강남으로 이전하기 전까지 '과외방'이 모여 있던 사교육 1번지였다가, 1980년대 새문안로를 따라 고층빌딩이 속속 들어서면서 직장인들의 식당가가 되기도 했다. 2000년대 이후 서울 도심 개발계획에 따라 이곳은 '돈의문 뉴타운' 지역으로 선정되어 철거 후 근린공원으로 바뀔 뻔했으나, 마치 고립된 섬처럼 근현대 서울의 모습을 간직하고 있어 그 가치를 보존하고자 기존 건물들을 보수해 오늘의 돈의문박물관마을로 재탄생하게 되었다.

시간의 층위가 켜켜이 쌓인 이곳에서 사람들로 하여금 어떤 방식으로 사라진 것들을 기억하게 하고, 남겨진 것들을 오늘과 공존하게 할까. 돈의문 한옥 유스호스텔 프로젝트의 화두였다.

---

1) 조선시대 이·호·예·병·형·공조의 6개 중앙 관청이 있던 광화문 앞의 대로.
2) 지금의 종로를 중심으로 설치된 조선시대의 상설 시장.

경희궁 담장과 인접해 노포들이 다닥다닥 붙어 있던 옛 새문안 동네의 북서쪽. 경희궁과 돈의문 사이의 애매한 구역에 조성된 이 마을은 경희궁도 돈의문도 일제강점기에 사라진 채, 골목을 사이에 두고 두 구역으로 나뉜 마을만 그 세월의 흔적을 간직하고 있었다. 온지음 집공방이 설계한 한옥 유스호스텔이자 전통문화체험관은 이 구역에 위치해 있다. 14채의 모듈화된 한옥이 본래 필지를 따라 골목을 사이에 두고 위아래 두 군으로 나뉘어 배치된 형태다.

　돈의문 한옥 유스호스텔은 방과 마루, 건물과 마당이 유기적으로 쌍을 이루며 마당을 사이에 두고 집합되는 한옥의 이 관계성과 집합성이라는 특징을 모듈화를 적용해 변형시키고 확장시켰다.

　객실은 방과 부엌을 겸한 마루·화장실로 구성되어 있고, 이 같은 객실 2개가 배치된 건물과 마당이 쌍을 이루어 한 채의 한옥이 된다. 그리고 이런 한옥들이 모여 군을 이룬다. 부분이 전체를 이루고 그 전체가 또 다른 전체의 부분이 되는 식이다. 이 군을 연결시켜 주는 통로 역할의 리셉션 건물과 골목이 하나의 집합 건축으로서 기능할 수 있게 한다.

　모듈과 집합의 형식은 북촌, 익선동, 혜화동, 성북동 등을 조성했던 1930년대 이른바 '집장사'들이 비용 절감과 공사 기간 단축을 위해 고안한 건축적 장치로, 거의 한 세기 후에 이 소중한 개념을 돈의문 한옥마을 복원 설계의 목표로 삼았다.

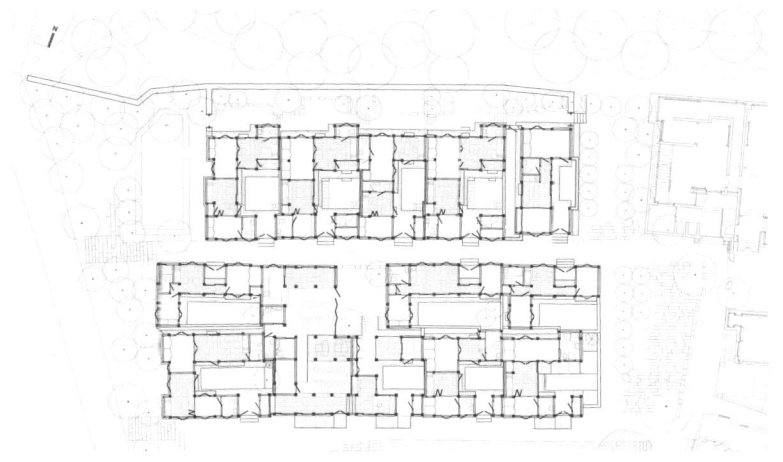

옛 새문안 마을에서 이 구역은 1930년대 '집장사'들이 지은 10여 평 규모의 도시형 한옥들이 옹기종기 모여 있던 곳이다. 원래는 주거 공간이었지만 식당 등의 상업 공간으로 변화하면서 이 한옥들 역시 끊임없이 크고 작은 변화를 겪어야 했다.

대개는 임기응변식의 증축이었고, 제대로 관리 되지 않아 한옥의 흔적만 있을 뿐 원형을 찾기 힘든 곳도 있었다. 설계에 앞서 온지음 집공방은 이 마을을 조사한 후 관련 기록과 도면, 실측을 통해 '유스호스텔'로 탄생할 이 한옥들의 원형을 먼저 파악했다.

한옥 유스호스텔

돈의문 박물관마을 내 한옥은 좁고 경사진 골목을 중심으로 배치되어 있다. 무분별하게 증축된 한옥군은 건립 초기의 모습을 최대한 찾으려 노력하였으며 경제적인 리모델링을 위해 부재들을 가급적 모듈화하였다. 한옥 각 채는 호텔로 치자면 각 방의 역할을 하며 골목길은 복도의 기능을 한다.

164

한옥 요소훑스테

한옥 유스호스텔은 기본적으로 1채 2객실 구조이다. 대문을 열고 들어가면 두 객실의 공용 공간인 샤워실과 창고를 갖춘 대문간, 작은 마당 그리고 객실이 한눈에 들어온다. 객실은 'ㄱ'자 혹은 'ㄷ'자 형태의 건물을 둘로 나누어 각각 출입문을 내서 독립적으로 사용할 수 있게 설계했다.

여기에 실제로 거주하고 생활하는 데 불편하지 않도록, 전기나 통신 등 설비 시설은 최신 시스템을 적용했다. 기존 한옥의 원형을 유지하면서도 쓰기 좋게 바꾸고, 한옥의 미학과 본질적인 부분들은 살리는 데 중점을 두었다.

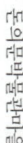

각 객실에는 간단한 취사·시설이 설치된 부엌 겸 마루, 방, 그리고 화장실이 갖춰져 있다. 군더더기를 제거하고 꼭 필요한 최소한의 요소들로만 구성해 제한된 공간을 최대한 활용했다.

경희궁의 담장과 접한 타입의 후원과 골목길에 면한 타입의 한옥이 갖는 마당. 이 두 방향으로 낸 현대식 통창을 통해 풍경을 집 안으로 들였다. 이른바 '차경'으로 작은 내부 공간에도 답답한 느낌 없이 한옥의 묘미를 살렸다.

한옥마을 내 공용 공간들은 전통 한옥의 마당, 사랑방, 대청마루, 마을 정자, 우물가의 기능을 한다. 한옥 유스호스텔의 입구에 들어서면 처음 만나게 되는 'ㅁ'자형 리셉션 공간은 한옥 유스호스텔군의 전면 중앙에 위치하면서, 아랫길과 윗길이 만나는 면이 트여 있어 위아래의 한옥군이 서로 연결되기 용이하도록 설계했다.

조식 카페이자 회의나 작은 파티를 할 수 있도록 만들어진 실내 공용 공간은 내벽 없이 하나로 이어져 있지만, 단차와 내부 경사로를 통해 자연스럽게 분리되고 또 연결된다. 벽면의 통유리와 천창을 통해 실내임에도 'ㅁ'자 한옥의 마당에서 느낄 수 있는 개방감과 조광효과를 살렸다.

한옥마을 물고기비늘

한옥, 연결하고 확장되다

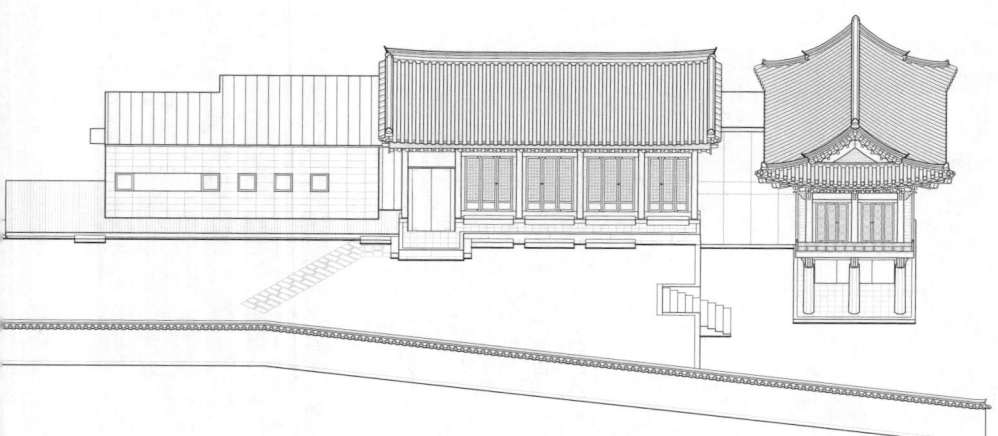

한국궁중꽃박물관
비해당

한옥, 연결하고 확장되다

채 나눔과 채 연결

한국궁중꽃박물관은 국가무형문화재 제124호 채화장의 작업실 겸 전시장이다. 조선시대 나라의 큰 잔치가 있을 때 궁궐을 장식했던 궁중채화¹를 복원해, 내진연과 외진연에 따른 궁궐의 내부와 잔칫상, 가구, 소품 등 궁중문화를 함께 연출해서 전시한다. 비해당은 '궁중채화 전시장'이라는 공간의 기능과 정체성을 살리면서도 편리와 효율을 추구하는 과정에서 채의 '연결'이라는 발상을 기반으로, '스킵플로어' 등의 현대건축의 구법을 적용해 또 다른 모습의 현대 한옥을 보여주고 있다.

전통 한옥의 큰 특징 중 하나는 '채 나눔'이다. 한 채의 단독 건물에 모든 기능을 담은 것이 아니라 사랑채, 안채, 대문채 등 하나의 기능을 하는 독립된 채가 모여 집으로서 전체의 기능을 하는 것이다. 채와 채 사이의 마당을 적극적으로 이용해 공간을 유연하게 구성해서 다양한 기능을 소화할 수 있다는 장점이 있지만, 채 나눔에는 어쩔 수 없이 신발을 신고 벗으며 이동해야 하는 불편도 따른다.

한국궁중꽃박물관 내 비해당은 전통 한옥의 채 나눔을 '연결'로 풀어내면서 새로운 한옥을 보여 준다. 리셉션과 집무실, 전시장, 작업실 용도의 건물이 순차적으로 배치되어 있는 비해당은 주어진 각 건물의 기능이 서로 긴밀하게 연관되어 있는 점과 좁고 긴 대지의 형태를 고려해서 독립적인 세 건물을 한 축으로 연결시켰다. 단순히 잇기만 한 것이 아니라 한옥과 한옥, 한옥과 비한옥 간의 각 연결 방식을 연구하고, 핵심적인 기능을 하는 두 한옥이 더 잘 드러날 수 있는 방식을 적용했다.

1) 궁중의 연희나 의례 목적에 맞게 비단, 모시 등으로 제작한 꽃으로, 생화 장식을 금하던 궁중에서 행했던 궁중 문화의 하나.

박물관의 정문으로 입장해 외부 동선에 따라 마주하게 되는 비해당의 정면은 높은 누각 형식의 2층짜리 한옥이다. 누하에 해당하는 1층은 기둥 안쪽으로 유리벽을 관입해 실내 공간을 만들어 전시관의 리셉션으로 사용하고, 난간이 설치된 쪽마루를 두른 2층의 내부는 대청마루로 된 집무실 겸 접객실이다.

그런데 비해당을 살짝 측면에서 보거나, 1층 리셉션으로 들어가면 유리벽 너머, 건물의 뒤편으로 배치된 두 채의 건물이 드러난다. 한 채는 한옥이고 그 뒤는 박스형의 비한옥 건물이다. 지형의 단차로 건물 바닥에 위계가 있지만, 이 세 건물은 분명히 이어져 있다. 독립된 각 채를 연결하여 확장한 것이다. 이 세 건물은 각각 독립된 건물이기도 하고, 비해당이라는 이름의 하나의 건물이기도 하다.

연결된 세 건물 중 가운데 한옥은 전시 공간, 끝의 비한옥 건물은 전수생들의 작업실이다. 비교적 좁고 긴 대지의 형태에 따라 뒤편의 두 건물은 맨 앞의 한옥 건물의 정면과 90도 방향으로 배치했다. 즉, 맨 앞 누각 형식의 한옥 뒷면과 가운데 한옥의 측면이 연결 된다. 경사진 지형 때문에 생긴 두 한옥 바닥의 높이 차를 연결 공간에 '스킵플로어'를 적용해 자연스럽게 연결하고, 건물의 배치도 순차적으로 차이를 줘서, 하나의 건물로서 세 채의 관계성이 은근히 드러나 보이도록 했다.

한옥과 한옥, 한옥과 비한옥의 연결 방식은 건물의 재료와 디자인, 구조, 용도를 고려해 한옥과 한옥 사이는 유리, 한옥과 비한옥 사이는 금속을 주자재로 하여 현대 건축의 구법으로 만들었다.

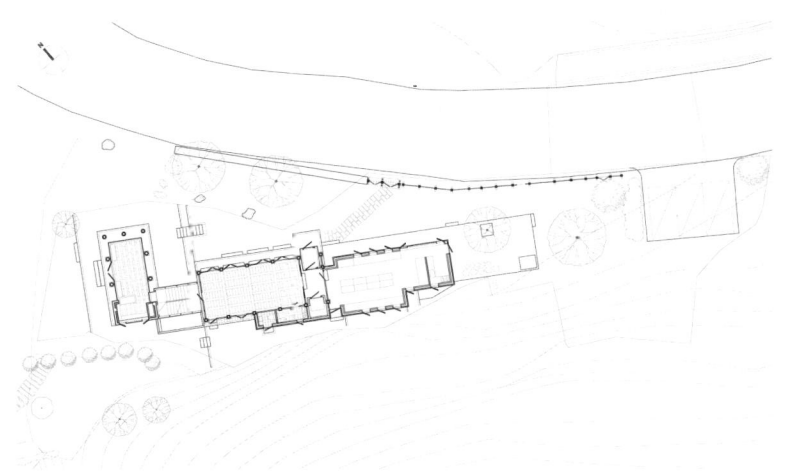

정면에서 바라보았을 때 비해당은 누각 형식의 2층짜리
단독 한옥처럼 보이지만, 그 뒤로 또 다른 한옥 한 채와
비한옥 건물이 이어져 있다. 한 축으로 연결된 이 세 건물은
각각의 건물이기도 하고 비해당이라는 이름의 하나의
건물이기도 하다.

한국궁중꽃박물관

비학당

한옥과 한옥 사이의 유리 매스가 두 건물을 잇는 통로이자 누각의 아래층과 위층을 연결하는 계단이다. 지형의 단차는 '스킵플로어' 방식을 적용해 자연스럽게 연결했다.

연결된 세 건물은 각 건물의 용도를 고려하면서, 핵심 공간인 두 한옥이 잘 드러나 보이도록 순차적으로 차이를 줘서 배치했다. 한옥과 한옥, 한옥과 비한옥의 연결 부분도 건물의 재료와 디자인, 구조, 용도에 따라 각각 다른 모습으로 구현했다.

미회당

각 건물의 실내 모습.
지상의 두 한옥은 회의와 업무와 접객을 위한 공간으로 둘 다
대청마루로 되어 있고, 지하에는 전시실이 마련되어 있다.
비한옥 건물은 작업실로 사용된다.

피레당

비해당 지하의 전시실.
조선시대 궁중의 큰 행사나 잔치가 있을 때 사용했던 채화를
재현하여 전시하는 공간이다. 채화뿐만 아니라 전시 공간에
맞춰 내진연과 외진연에 따른 궁궐의 내부와 잔칫상, 가구,
소품 등 궁중문화가 함께 연출되어 전시된다.

중화전

성균관 명륜당을 모티프로 한 '집 속의 집'

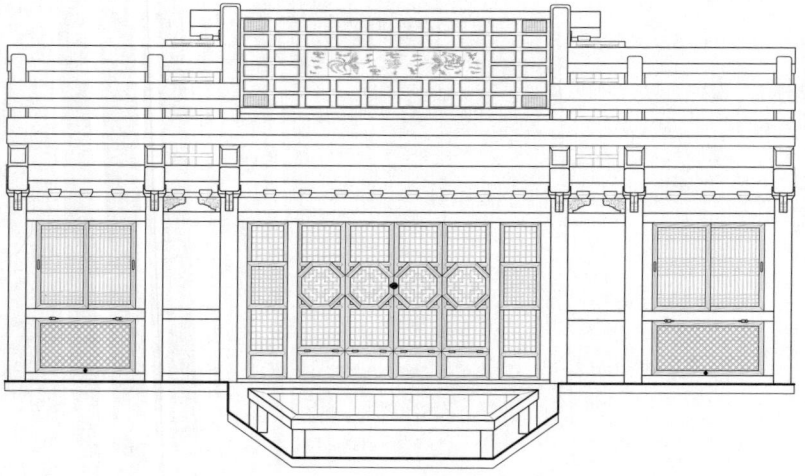

피츠버그대학
배움의 전당 내 한국관

성균관 명륜당을 모티프로 한 '집 속의 집'

성균관 명륜당, 미국에서 재현되다

'강철도시(the Steel City)'라는 별명에서 알 수 있듯이 피츠버그는 제철 산업으로 융성한 도시로, 기회의 땅을 찾아 전 세계에서 모여든 이민자들이 만들어낸 다문화 사회는 오늘날까지 가장 미국적인 도시의 전형으로 꼽힌다. 피츠버그대학은 18세기 이민자들이 그들의 후손이 좋은 교육을 받고 더 나은 삶을 살 수 있기를 바라며 건립한 이래 세계적인 명문대로 성장하며 도시의 상징이자 자랑이 되었다. 특히 고딕 양식으로 지어진 42층 높이의 배움의 전당(Cathedral of Learning)은 피츠버그대학교를 대표하는 건물로, 단순한 학교 건물이 아니라 오래전 이곳에 도시를 건설한 개척자들의 정신을 나타내는 도시의 상징물이기도 하다. 피츠버그대학은 이 의미 있는 건물에 1930년경부터 '국가관(the Heritage Room)'이라는 이름으로 100년에 걸쳐 31개국의 특별실을 조성하는 대규모 프로젝트를 진행해 왔다. 강의실 및 전시 공간으로 사용되는 국가관은 이민자들이 피땀으로 일군 미국의 역사와 문화의 다양성을 상징함과 동시에 학생들이 자연스럽게 여러 문화를 접하며 이해하는 배움의 장이자 국가 홍보관으로 사용된다.

한국관 프로젝트는 피츠버그 교민으로 구성된 한국관위원회와 아름지기 재단이 후원과 진행을 맡고, 온지음 집공방과 건축사 사무소 협동원이 설계를 맡았다. '국가가 사라져도 국가관은 유지된다'는 공간의 영구성과 한국 전통문화를 세계에 알린다는 프로젝트의 의미에 공감한 타이포그래피스트 안상수, 디자이너 하지훈, 도예가 이영호 등 다양한 분야의 전문가들이 프로젝트에 동참했다.

그렇게 한국관은 100여 년에 걸친 대형 프로젝트의 마지막 여섯 개 프로젝트 가운데 서른 번째 방으로 배움의 전당 304호에 완공되었다.

배움의 전당 국가관은 학생들이 사용하는 강의실이자 방문자들에게 각 국가의 전통 공간을 보여줄 수 있는 전시장 역할을 한다. 그만큼 전통을 충실히 담으면서도 제한된 공간에 실용적으로 공간을 구성해야 하는 프로젝트였다. 온지음 집공방과 건축사사무소 협등원은 논의 끝에 배움의 전당 국가관의 취지와 조건에 맞춰 공간 구성을 통해 전통 교육 공간의 의미와 강의실 기능을 갖춘 한국의 선비문화를 담은 공간으로 최종 방향을 정했다.

명륜당은 조선 최고의 교육기관인 성균관을 비롯해 지방의 각 향교에 설치되어 유학을 가르치던 유교 건축물이다. 그중에서도 성균관의 명륜당은 왕세자를 비롯한 성균관의 유생들이 학문을 익힌 곳이자 왕이 직접 유생들을 강론하고 시험한 곳으로, 창건 이래 조선 말엽까지 수많은 학자와 정치인들을 배출한 성균관의 교육 공간 중에서도 가장 중요한 건물이다.

명륜당의 내부는 지역에 따라 규모의 차이는 있지만 본당을 가운데 두고 좌우에 익사(翼舍)가 배치된 구조로, 본당은 대청으로 된 강의실이고, 익사는 연구실 같은 곳이다. 배움의 전당 304호에 조성된 한국관은 본당과 좌우 익사가 연결된 명륜당의 기본 구조를 모티프로 '강의실'이라는 배정된 공간과 쓰임에 맞게 재해석했다. 이것을 배움의 전당 강의실에 그대로 옮겨 '집 속의 집'이라는 콘셉트으로 전통 건축 방식을 선보였다.

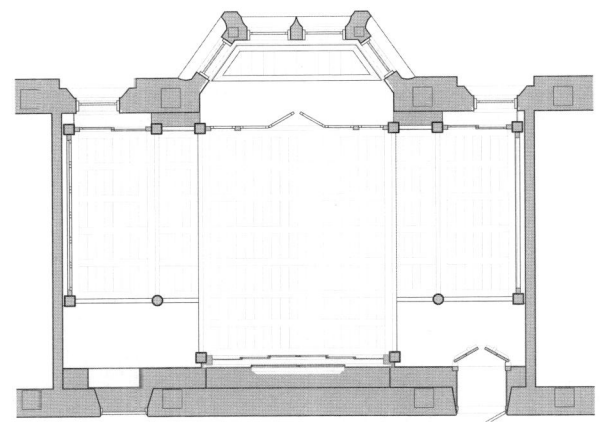

피츠버그대학교의 배움의 전당(Cathedral of Learning)에서는 1930년경부터 '국가관'이라는 이름으로 100년에 걸쳐 31개국의 특별실을 조성하는 대규모 프로젝트가 진행되었다. 각국의 전통문화와 자부심을 담아낸 국가실은 이민자들의 힘으로 일궈낸 미국의 역사와 문화적 다양성을 상징함과 동시에 학생들이 자연스럽게 여러 문화를 이해하고 교류하는 배움의 장으로 영구히 보존되며 사용된다.

배움의 전당 304호. 국가관 프로젝트의 마지막 여섯 개방 중 하나이자, 서른 번째 방인 한국관은 이곳에 있다.

사진: ⓒ 2023. University of Pitsburgh. All rights reserved.

한국관은 강의실 안에 성균관 명륜당을 재해석하여 '집 속의 집'으로 재현한 한국 전통 건축이다. '교실'이라는 제한된 공간에 맞춰 기와 등의 실외 마감재는 생략하고 서까래 구조까지 구현하였다. 본당과 좌우 익사로 구성된 성균관 명륜당의 구조에서 바닥 재료를 달리하여 내 외부의 상징적인 경계를 표현하였다.

해외에서 진행되는 프로젝트인 만큼 모형을 제작하여 철저한 사전 시뮬레이션을 거치고, 한국에서 전체 목구조를 미리 제작하여 현지 조립 일정을 최소화하였다.

배움의 전당 내 한국관

ⓒ Aimee Obidzinski / University of Pittsburgh

피츠버그대학

강의실 뒤편, 베이윈도(밖을 향해 돌출된 벽체와 창이 있는 공간)에 들어열개문과 쪽마루를 설치해 실내이지만 외부와 같은 공간감을 느낄 수 있도록 하였다.

한국관의 출입구는 기존의 강의실 문 안쪽으로 두꺼운
판재에 쇠장석을 박은 한식 대문을 달았다. 대문을 지나
들어오면 마치 다른 세계로 들어가듯 서양 공간에서 한국
공간으로의 공간적 전이가 일어난다.

실제 강의실로 사용되는 만큼 가구는 전통적인 좌식 배치보다는 입식 가구를 택했다. 한국관 프로젝트를 위해 하지훈 작가가 디자인한 단정하고 기품 있는 책걸상과 국가관들 중 유일하게 최신 시청각 설비를 갖춘 한국관은 교수진과 학생들에게도 인기 있는 강의실이다.

조선시대 최고 교육기관이었던 성균관 명륜당의 틀, 학문 연구와 인격 도야의 선비정신을 되살린 한국관은 '아름답고 독창적'이라는 현지의 평을 받으며 문화 홍보의 장이 되고 있다.

© Aimee Obidzinski / University of Pittsburgh

문, 소통하는 경계

E   문은 개폐에 따라 공간을 경계 짓고 연결하는 이중적인 역할을 하는 장치인데요. 그만큼 건축적 장치로서는 물론이고, 그것이 갖는 의미는 중요할 것 같아요. 한옥에서의 문은 어떤가요? 한옥의 문은 그 수도 집의 규모에 비해 많고, 종류도 다양해 보여요.

김   건축이라는 것이 안과 밖을 구별하기 위해서 생긴 것이에요. '선 긋기'는 영역을 표시하는 경계로, 최초의 건축적 행위로 해석할 수도 있습니다. 이 경계에서 소통을 하기 위한 장치가 문입니다. 문은 홀로 존재하지 않아요. 늘 경계와 함께죠. 그래서 문은 건축의 기본 개념에 대해 생각하게 해요. 피아의 개념과 소유에 대한 개념, 그리고 경계와 소통이라는 상반된 개념의 공존 이런 것들요. 제아무리 고대광실이라도 창호가 없으면 집이 아니에요. 노자의 <도덕경>에 "착호유이위실(鑿戶牖以爲室) 당기무(當其無) 유실지용(有室之用)"이란 구절이 있는데, '출입문(戶)과 작은 문(牖)을 뚫어 방을 만들 때, 그 안이 비어 있음으로써 그 방은 쓸모가 있다'는 뜻입니다. 경계를 만들어 막기 위해 벽을 세우고 지붕을 올렸는데, 구멍을 내지 않으면 집의 효용성이 없는 묘한 이치죠.

문은 영어로는 gate, door, entrance로 나뉘어서 표현하는데 한옥에서는 대개 실외와 실외를 연결하면 문이라 칭합니다. 이 문을 크게 달면 대문, 대문 안쪽에 다시 내면 중문, 대문 옆에 조그만 문을 내면 협문, 대문의 높이가 행랑채의 지붕과 같으면 평문, 그보다 높으면 솟을대문, 대문 셋이 이어져 있으면 평삼문, 이런 식으로 구분하죠.

실내의 문은 '호'라고 하는데, 여기다 창을 합쳐 '창호'라고들 합니다. 한옥에서 창호는 형태적으로 비슷해 보이지만 원래 창은 머름 위에 설치되어 출입이 아닌 풍경·환기·빛을 조절하는 역할을 하고, 호는 출입을 위한 시설이에요. 창호는 집에서 차지하는 크기 자체도 그렇고 창호지를 살대 안쪽으로 붙여 살대의 선적인 미감이 건물 외관으로 그대로 보여지기 때문에 디자인 측면에서 중요한 요소이기도 하죠. 또 내부에서는 형태와 개폐 방식에 따라 문과 벽의 역할을 동시에 하며 필요할 때는 내부 공간 구성을 변화시키기도 하고요. 예를 들어, 집의 전면 그리고 방과 대청 사이에 들어열개문을 설치해 여름이나 제사 같은 행사가 있을 때 문을 들어올려서 천장에 설치된 걸쇠에 얹는 거예요. 이렇게 되면 내부 공간 전체가 하나로 트이고, 훨씬 넓은 영역의 외부 풍경을 차경하게 되죠. 이렇게 한옥에서 창호는 각각의 본래 기능뿐만 아니라 공간을 가변적으로 합치고 나누어 사용할 수 있게 하는 다기능 장치로서의 역할을 합니다. 우리 민족의 자연관과 건축관이 이 땅의 자연조건과 만나면서 탄생시킨 결과물이죠.

E   <동궐도>의 담장과 문을 주제로 전시를 열기도 하셨는데요, 궁궐의 건축 요소 중에서도 다소 부수적인 것으로 보이는 담장과 문을 선택한 이유가 무엇인가요?

김   한옥에 얼마나 다양한 문이 사용되었는가 하는 물음은, 곧 '과거 어떤 경계 요소들이 있었는가?'로 치환될 수 있습니다. 그 좋은 예가 바로 <동궐도>였어요. 조선의 수도 한양에는 여러 곳의 궁궐이 있었습니다. 경복궁은 북궐, 경희궁은 서궐, 창덕궁과 창경궁을 합쳐 동궐이라고 불렀는데요. 조선왕조 500여 년 동안 경복궁이 정궐로 쓰인 기간은 100년이 채 못 돼요. 나머지 대부분의 기간 동안에는 동궐이 정궁으로 이용됐죠. 그래서 동궐은 1610년에 중건한 이후 300년 가까이 누대의 임금과 왕족들이 생활하며 수없이 많은 변화와 시행착오를 거쳤습니다. 특히 19세기 초반은 동궐의 건축이 가장 발달하고 생활이 활발한 시기였는데요. 18세기 영·정조 르네상스 시대를 거치면서 축적된 국력과 왕실 문화가 꽃을 피운 결과였죠. 당시 동궐의 모습을 그린 대형 그림이 바로 <동궐도>입니다. 큰 화면 안에 창덕궁과 창경궁, 그리고 후원의 모습이 생생하게 담겨 있어요. 전각들과 누각, 교량, 담장과 문, 조경과 자연 지형, 건물 터까지 전성기

동궐의 건축적 상황을 도화서 화원들이 아주 세밀하게 그려 넣었죠. 여기서 주목할 것이 바로 담장과

"문은 안과 밖이라는 두 개의 다른 세계를
연결하는 통로입니다. 문을 바꾼다는 것은 건축,
그리고 삶을 바꾸는 일이라고 생각해요."

문, 소통하는 경계

문들입니다. 궁궐은 수없이 많은 독립적인 영역으로 구성되는데요. 그 영역을 만드는 것이 다양한 담장이고, 이 영역들을 연결하는 것이 바로 문이기 때문이죠. 그 개수만 줄잡아 200가 넘을 거예요.

판장은 가벼운 프레임과 얇은 목재판으로 이루어진 담장입니다. 토담이나 돌담에 비해 가볍고 공법도 간단해서 일시적인 영역을 만들어야 할 때나 하나의 견고한 공간을 둘로 나누어야 할 때, 비교적 유사한 성격의 영역 사이를 가를 때 사용돼요. 또 '취병(翠屛)'이라고, 비취색 병풍이라는 뜻의 나무 울타리가 문과 함께 구성되었죠. <동궐도>는 현존하는 돌담 외에도 이 판장과 판문, 취병 그리고 이문(二門) 등이 가벼운 경계를 만들고 또 연결되는 방식이 기록되어 있어서 중요한 자료예요.

집공방에서는 <동궐도> 가운데서도 지금은 사라져 버린 판장과 판문, 취병, 그리고 이문에 관심을 가지고 이것들을 재현했어요. 예를 통해서 단순히 사라진 역사적 사실을 규명하는 것 이상으로, 오늘날의 한옥이나 현대 건축에 적용할 가능성을 탐구했습니다. 그리고 그 결과를 작품으로 구현했고요. 과거 사례들을 재해석함으로써 '문'의 존재 영역을 확장하고, 근본적인 의미를 다시 찾아보려는 시도였어요.

문과 창호는 그것을 열었을 때 의미가 있는 것이고, 그래서 안과 밖이 소통할 수 있는 경계가 됩니다. 그래서 전시 제목도 '소통하는 경계'라고 했죠.

E   오늘날의 한옥이나 현대 건축에서 적용할 수 있는 전통 장호의 가능성은 어떤 부분이었나요?

김   문은 건축 공간의 경계가 외부로 통하는 통로와 만나는 접점입니다. 따라서 경계와 통로의 이중적 성격을 갖고 있죠. 문을 닫으면 경계가 되지만, 열면 새로운 통로가 됩니다. 어디선가 "문지방을 넘으며 두 우주가 충돌하는 광경을 본다"라는 글을 보고 인상적이어서 기억하고 있는데요. 문은 안과 밖이라는 두 개의 다른 세계를 연결하는 통로입니다.

원불교 원남고당 인혜원,
들어열개문으로 공간을 나누기도 하고, 합치기도 한다. 온지음 집공방 작

동궐도의 이문(二門)을 재현한 설치 작품, 온지음 집공방 작

문, 소통하는 경계

닫힌 문은 단절과 좌절을 의미하지만, 열린 문은 소통과 희망을 의미해요. 노베르크 슐츠(C. Norberg-Schulz)라는 건축이론가는 "실존적 공간이란 다른 영역 간 중심을 잇는 통로가 있는 공간"이라고 정의했어요. 독자적 공간이되 서로 소통해야 한다는 거죠. 문은 다른 두 영역의 경계와 통로가 만나는 접점으로, 그 중요성에 대해 현대 건축은 다소 무관심했던 것 같아요. 오늘날 1,000만 세대에 이르는 아파트의 현관문을 보세요. 모두 똑같이 생긴 방화문이죠. 단순한 개폐 도구일 뿐, 표정도 형태도 없습니다. 기능과 비용, 견고함만을 추구한 자본주의적 욕망이 만든 무미건조한 결과물이라고 생각해요. 오히려 옛날 문들은 경계의 수준도 다채롭고 여닫는 방법도 다양했어요. 우리가 문에 대해 다시 생각해봐야 할 여지를 시사해주죠. 디자인은 물론이고 재료나 개폐 방식, 지지 공법 등 기술적으로 다시 생각해 봐야 할 부분이 무한합니다.

혹시 하루에 몇 개의 문을 몇 번이나 열고 닫는지 생각해 본 적 있나요? 어떤 요소에 대해 근본적인 걸 생각하면 거기에서부터 새로운 가능성이 나올 수 있어요. 문을 바꾼다는 것은 건축, 그리고 삶을 바꾸는 일이라고 생각해요. 저희는 획일적이고 진부한 문 대신 사용자와 건축 공간, 주변 환경과의 관계를 생각한 실용적이면서도 아름다운 문들에 대해 연구하고 구현을 시도하고 있습니다. 그리고 다른 건축에서도 많이 볼 수 있기를 기대해요.

E 온지음 집공방에서 설계한 오늘의 한옥에서 전통 창호는 어떤 식으로 적용되는지 궁금합니다.

김 단순히 전통 한옥의 완벽한 재현이 아니라 한옥에서 좋은 부분, 아름다운 부분, 계승해서 남기고자 하는 것들을 연구하고 발전시켜서 오늘의 한옥에 적용하고 있습니다. 한옥이 우리 것이라고 해서 100% 다 좋을 수 없잖아요. 재료나 기술 면에서 분명 시대의 한계도 있었을 것이고, 반대로 당시에는 적절했지만 현대의 실정에 맞지 않는 부분도 분명히 있죠. 그중에 현대 기술로 보완할 수 있는 부분이 있다면 보완해서 오늘의 라이프스타일에 맞게 한옥을 풀어가고 있어요.

한옥의 단점 즉, 추위, 보안, 방음 등의 문제를 해결하는 데 첫 번째 과제가 전통 창호의 미감을 유지하며 동시에 기능과 편의성을 대폭 개선한 창호를 개발하는 일이었습니다. 집공방이 설계를 시작한 이래 다양한

판문과 뚫린문을 설치한 판장,
온지음 집공방 작

문, 소통하는 경계

시도가 이루어졌던 부분인데요. 디자인은 물론 편리함, 견고함을 선호하는 오늘의 추세어 비해 주기적으로 갈아줘야 하는 창호지 바른 문은 대체제가 필요했습니다. 그런데 기능을 충족하면서도 목재로 지은 한옥과 이질감 없이 어울리는 창호는 당시 국내에서 찾기 힘들었어요. 미국, 유럽 시장을 뒤져서 겨우 찾아냈지만 단가가 높아서 또 고민이었죠. 그러다 국내 시스템창호 전문 기업과 손을 잡고 현대 한옥에 맞는 창호를 직접 개발했고, 현재 시중에서 일반인들도 쉽게 구할 수 있게 되었어요. 꼭 한옥이 아니더라도 자연스러운 목재 디자인을 선호하는 사람들이 아파트나 다른 현대 건축물에 설치하려고 많이 찾는다고 해요. 집공방에서 작업하는 한옥 대부분에는 직접 개발한 이 창흐가 설치됩니다.

기존 전통 한옥에서 충족되지 않는 사용자의 니즈가 있다면 창호뿐만 아니라 한옥의 품격을 잃지 않는 범주 내에서 이를 적극 수용하고, 연구 개발해서 솔루션을 제시하고 있어요. 이 과정을 통해 오늘의 한옥 역시 진화하고 있다고 생각합니다.

(왼쪽) 대나무로 만들어졌던 옛 취병을 금속으로 제작한 취병
온지음 집공방 작

(아래) 이건창호와 온지음 집공방이 협업하여 개발한 한식 시스템 창호

기능으로 채운 오늘의 한옥, 작지만 모자람이 없다

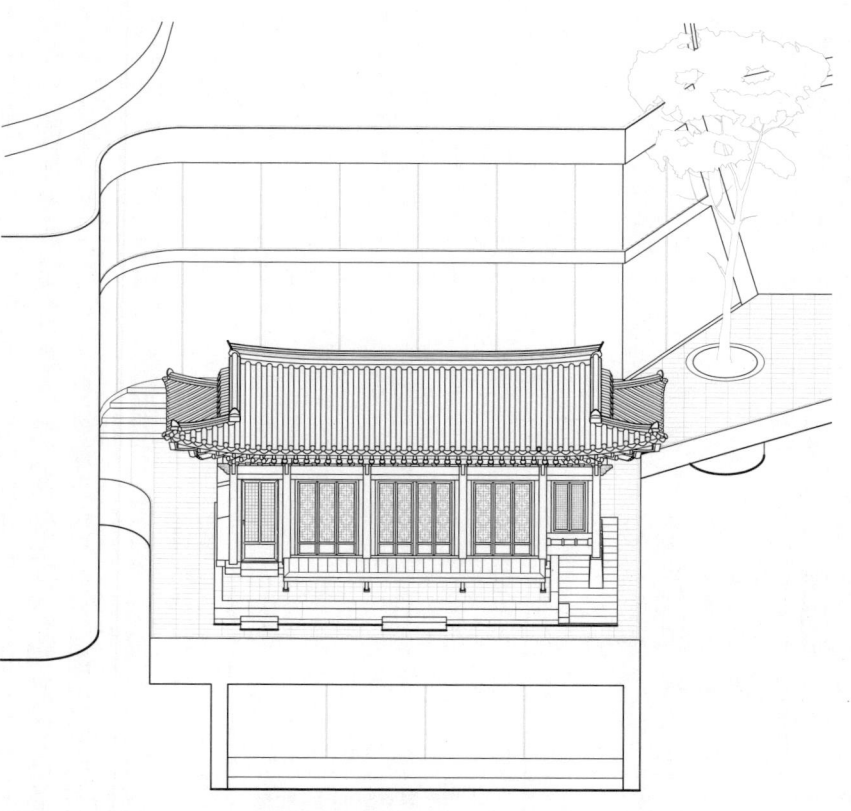

원불교 원남교당
인혜원

기능으로 채운 오늘의 한옥, 작지만 모자람이 없다

도시 속으로 들어온 열린 수행 공간

한국의 전통 사찰들이 대개 번잡한 도시와 떨어진 인적 드문 산속에 자리하고 있는 반면에 불법의 생활화, 대중화, 시대화를 추구하는 원불교의 교당은 대부분 도심이나 주택가 같은 사람들의 생활 반경과 가까운 곳에 위치하고 있다. 원불교 건축물도 마찬가지로 특정한 양식 없이 시대의 흐름에 맞춰 현대의 건축 양식을 따르고 있다.

원남교당은 도시, 그것도 서울에서 가장 번잡한 곳 중 하나인 종로구에 자리 잡고 있다. 북쪽으로는 서울대병원, 서쪽으로는 창경궁, 동쪽으로는 대학로가 이어지는 곳이다. 도심이지만 고층빌딩과 창경궁이라는 대조적인 공간이 이웃하는 특징적인 구역이다. 반세기 넘게 이 자리에 있던 옛 교당을 허물고 새로 올린 원남교당은 이 모든 입지 조건과 원불교라는 종교적 의미를 독창적인 방법으로 풀어냈다.

교당은 크게 법당이 있는 중심 건물인 종교관과 승방 격인 훈련관, 그리고 기념관이자 기도 공간인 인혜원으로 구성되어 있는데, 마당을 가운데 두고 비정형의 노출 콘크리트 건물과 한옥이 마주하고 있다. 종교관과 훈련관의 드라마틱한 디자인과 주변 빌딩에 둘러싸인 인혜원의 모습은 마치 깊은 산속 굽이치는 골짜기 옆에 서 있는 고요한 산사를 떠올리게 한다.

인혜원은 원불교 원남교당의 2층에 위치해 있다. 교당의 중심 공간인 대각전과 마당을 가운데 두고 마주하고 있는 배치다. 전면 3칸 대청 양옆에 출입용 전실 공간과 작은 누마루가 이어진 '一'자형 한옥으로 내부는 대청마루 하나로 간결하다. 원남교당의 서쪽 출입구 방향으로 배치한 누마루는 교당으로 들어오는 사람들과 누마루에 앉아 있는 사람들이 교감할 수 있도록 하였다.

대청과 각 공간 사이에는 미서기문과 들어열개문을 설치해 필요에 따라 다양한 공간 연출이 가능하도록 하였으며, 평상시에는 각 문을 모두 닫아 대청마루 공간을 최대한 정결하고 간소한 공간으로 사용할 수 있게 했다. 언뜻 단순해 보이는 이 한옥에는 온지음 집공방이 연구 개발한 기술과 한옥에 대한 노하우가 집약적으로 적용되어 있다. 조경과 냉난방 시설, 스프링클러는 천장 가운데 우물반자에 설치하고 세살로 마감해서 미적으로도 기능적으로도 방해가 없도록 했다. 싱크대와 소화전, 수납장도 벽장 속으로 넣고 문을 달아 필요할 때만 사용할 수 있도록 만들었다. 종교적인 공간으로서 정결함과 단순함을 유지하기 위해 모든 설비와 도구는 벽장 안으로 들어간다.

외부에서 보이는 모든 창호는 온지음 집공방이 개발한 단열과 기밀을 높인 기능성 한식 시스템 창호가 적용되어 있다. 대청 전면과 누마루는 전체를 열어젖힐 수 있는 한식 폴딩도어를 설치하여 개방감을 극대화했다.

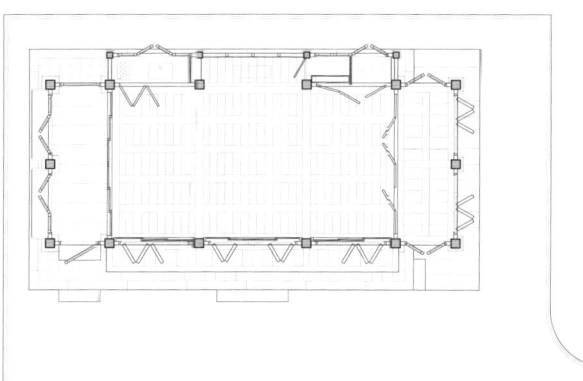

한국의 전통 사찰들이 대개 번잡한 도시와 떨어진 인적 드문 산속에 자리하고 있는 반면, 원불교 교당은 대부분 생활 반경과 가까운 곳에 위치하고 있다.

그중 원남교당은 도시, 그것도 서울에서 가장 번잡한 곳 중 하나인 종로구에 자리 잡고 있다. 1964년에 지어진 옛 교당을 허물고 새로 지은 원남교당에서 한옥인 인혜원은 마치 고준한 산, 혹은 '빌딩숲'에 에워싸인 고요한 산사처럼 서 있다.

원남교당 인혜원

인혜원

서쪽 출입구에서 바라본 인혜원. 교당의 2층에 위치한
인혜원은 서쪽 출입구 방향으로 누마루를 배치해 교당으로
들어오는 사람들과 누마루에 앉아 있는 사람들이 교감할
수 있도록 하였다.

종교관 내부에서 바라본 모습과
동쪽 출입구 방향에서 바라본 모습.

콘크리트 건물인 종교관의 유려한 곡선과
예리한 직선이 한옥의 선과 공존한다.

온지음 집공방에서 디자인한
합각과 막새기와의 문양

정면에서 바라본 인혜원의 내부.
단순하고 텅 빈 공간이 마음을 가라앉히고 침잠하게 한다.
엄숙한 무거움이 아니라 따듯하고 맑은 고요다. 나무와
한지, 볕이 연출하는 정신적인 공간이다.

인혜원에서 모든 설비는 벽장과 천장에 감춰져 있다. 대청마루 하나로 이루어진 실내는 최대한 정결하게 유지하기 위해 벽장에 문을 달아 평상시에는 벽처럼 보이도록 만들었다.

천장의 우물반자 안에는 조명과 냉난방 시설, 스프링클러를 설치하고 전통적인 반자널 대신 세살로 마감하여 기능과 디자인을 모두 충족하도록 하였다. 언뜻 단순해 보이는 이 한옥에는 온지음 집공방이 연구 개발한 기술과 한옥에 대한 노하우가 집약되어 있다.

은혜원

한식 시스템 폴딩도어를 설치한 누마루는 필요에 따라
실내가 되기도 하고 실외가 되기도 한다.

마당을 가운데 두고 마주하고 있는 인혜원과 종교관은 재료도, 구법도, 외관도 극단적으로 다르지만 내부는 서로 닮아 있다. 정신적인 공간이라는 본질이 상통하기 때문일 것이다.

전통을 해석하고 현대를 담다

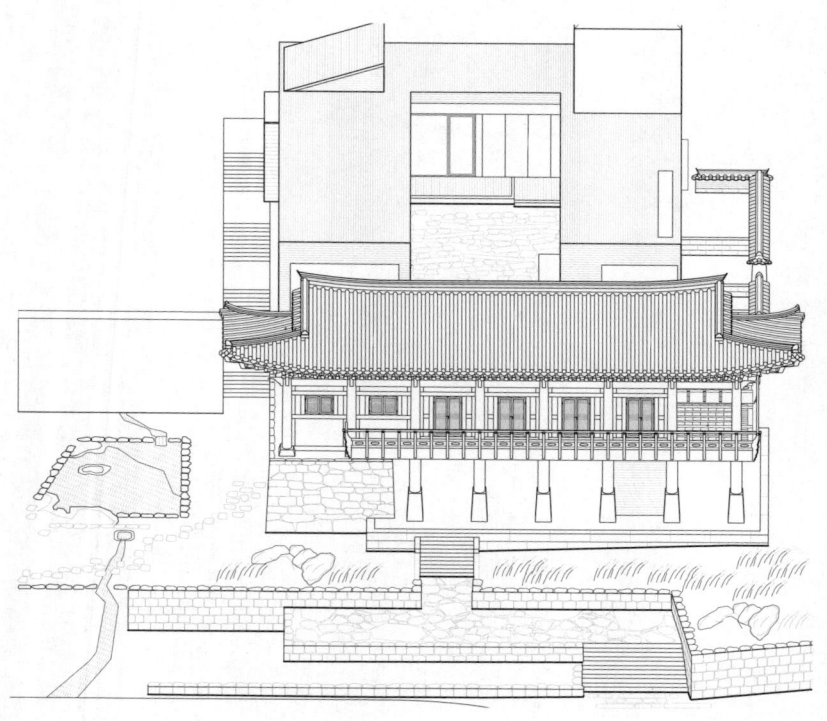

장원재사

전통을 해석하고
현대를 담다

오늘의 재사건축

안동을 비롯한 경북 지역에서는 묘제를 위한 재실을 '재사'라고 한다. 사림세력들이 뿌리내리고 있던 이 지역에서 유교 예법에 따라른 상제(喪祭)는 가장 중요한 행사였고, 당연히 그에 대한 의례와 그것이 행해지던 장소가 발달하게 된다. 재실에 비해 규모가 크고 격식이 있는 재사가 안동 지역에서 통용되는 것도 그러한 연유일 것이다.

재사건축은 지역과 가문에 따라 비교적 자유롭게 변형되어 특정한 건축 양식이 없지만, 구성상 몇 가지 조건이 있다. 첫째는 묘소 근처에 세워져야 한다는 것이었고, 둘째는 묘제의 의례를 소화할 수 있어야 하며, 셋째는 내부적으로 가문 내의 위계질서를 상징할 수 있는 내부 공간의 관계를 형성하되, 대외적으로는 가문의 단합과 힘을 과시할 수 있는 형태를 가져야 한다는 것이다. 이런 조건을 갖춘 재사의 모습을 풀어 보면, 묘소와 가까운 곳에 제수의 상차림과 음복례를 위한 대청과 누마루가 있는, 내부는 개방적이고 연결되어 있되 외부적으로는 폐쇄적이면서도 위용 있는 형태의 한옥이 된다.

장원재사는 한 기업 창업자의 추모관이자 선친들의 묘제를 위한 재실이다. 한옥과 비한옥이 조합한 형태로, 전면의 한옥은 대청마루와 누마루로 구성된 제사를 지내는 공간이고, 후면의 비한옥은 안채 격으로 선친의 영정을 모신 영당과 모친을 추모하는 동백재가 있다. 공적 기능의 한옥과 사적 기능의 비한옥은 안마당을 중심으로 내부에서 서로 긴밀하게 연결되면서 외부는 위용 있는 높은 누각 형식의 한옥과 군더더기 없는 엄정한 박스형 현대식 건물이 맞물려 공존하고 있는 형태다. 장원재사가 위치한 벽제는 이미 건축주 선친의 묘소와 메모리얼이 있었고, 여기에 대청마루와 누마루를 갖춘 재실까지 겸비하면서 장원재사는 재사건축의 모든 조건을 온전히 갖추게 되었다. 장원재사는 안동 지역 재사건축의 조건을 충실히 따르면서, 전통 건축 방식의 현대적 재해석을 통해 오늘의 한옥을 보여주고 있다. 단순한 전통의 재현이 아닌 현대의 미감과 생활 방식, 그리고 현대 건축과 함께 공간을 만들어 가는 방법을 통해 내일의 한옥을 기대하게 한다.

장원재사는 기본적으로 '재사'라는 공간의 전통적 구법을 따르되, 제사를 지내는 주요 공간인 재실은 한옥으로, 안채의 기능적인 공간은 비한옥으로 계획하여 전통과 현대가 함께 공간을 만들고 있다.

전체적인 배치는 가운데 마당을 두고 전면의 '一'자형 한옥과 후면의 'ㄷ'자형 비한옥이 결합해 'ㅁ'자로 배치된다. 경사진 지형을 이용하여 전면에 누각 형식으로 재실을 배치하고, 누하진입하여, 계단을 따라 오르면 후면에 도달하게 된다. 안마당을 중심으로 전면 공적 영역과 후면 사적 영역이 안마당을 중심으로 순환하는 내부 동선이 형성된다.

재실은 제사를 지내고 음복을 하는 공적인 공간으로, 다 청마루와 누마루로 구성되어 있다. 대청마루 끝 중앙에 병풍이 고정된 별도의 공간에는 위패실을 마련했다.

재실과 안채는 둘 다 목재가 기본 재료다. 안채는 엄정한 박스형 건물에 회색 현무암으로 마감하여 추도관이라는 고요하고 묵상적인 공간의 성격을 적절하게 드러내 보인다. 아울러 한옥의 기단석이나 기와의 질감, 색과도 자연스럽게 조화를 이루며 다른 형식의 두 건물이 하나의 건물로서 상호성과 완결성을 갖도록 했다.

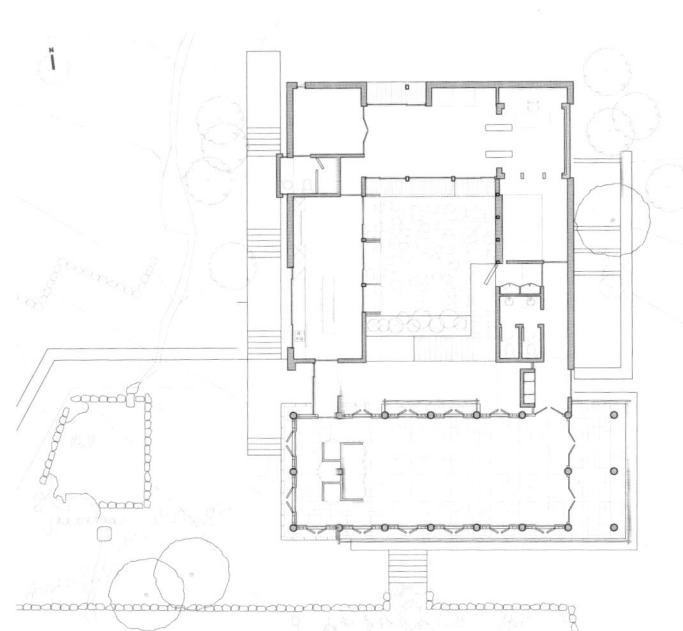

장원재사는 전면의 한옥과 후면의 비한옥을 조합한 형태이다.
'재사'라는 공간의 전통적 구법을 따르되, 제사를 지내는
주요 공간인 재실은 한옥으로, 안채의 기능적인 공간은
비한옥으로 계획하여 전통과 현대가 공존하는 새로운
한옥의 모습을 볼 수 있다.

사진: ⓒ노바건축 studio NOVA

경사진 지형을 이용하여 전면에 누각 형식의 한옥을 배치했다. 후면으로의 진입은 누하 진입 방식이며 계단을 따라 오르면 중정에 이르게 된다. 이 같은 공간 구성은 안동 지방의 재실 건축에서 비롯된 것이다.

정원재사

제사를 지내는 공간인 재실의 내부 모습.
제사를 지내고 음복을 하는 공적인 공간으로, 마루 끝 중앙에
병풍이 설치된 별도의 공간이 이색적이다. 일반적으로
위패는 따로 보관하다가 제사를 지낼 때만 꺼내 사용하지만,
이곳은 오로지 제사만을 위한 공간이기 때문에 병풍 뒤편에
고정된 위패실을 마련하였다.

장인채사

재실에서 바라본 안대와 누마루의 풍경.
누마루는 큰 대청에서 제사를 지낸 후 잠시 휴식과
담소를 나누는 곳이다.

234

장힐제사

장원재사

안채에는 선친의 영정을 모신 영당과 모친을
추모하는 동백재가 있다.

장원재사

재실과 안채는 목재를 기본 재료로 사용했다. 안채는 엄정한
박스형 건물에 회색 현무암으로 마감하여 추모관이라는
고요하고 묵상적인 공간의 성격을 적절하게 드러내 보인다.
아울러 한옥의 기단석이나 기와의 질감, 색과도 자연스럽게
조화를 이루며 다른 형식의 두 건물이 하나의 건물로서
완결성을 갖는다.

삶과 죽음을 잇는 공간

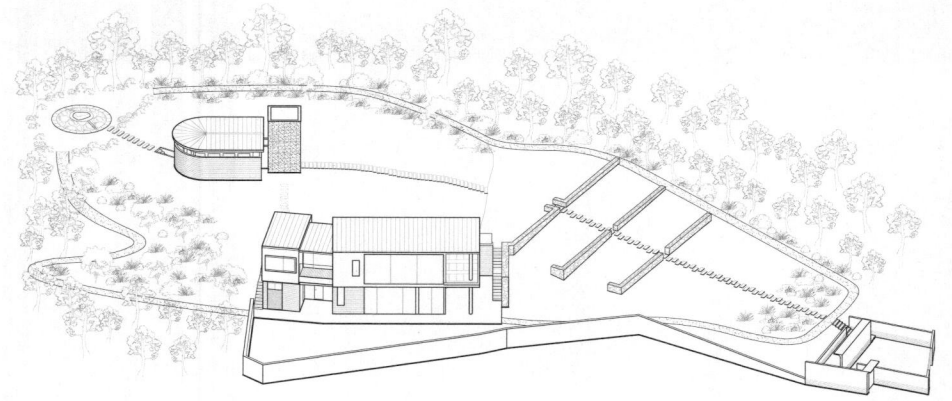

23

무중원

삶과 죽음을 잇는 공간

삶과 죽음, 건축과 의례

유교 문화권에는 사람이 일생을 살면서 거쳐야 하는 네 가지 의례가 있다. 한 사람 몫의 일을 하게 된 것을 기념하는 성인식인 관례(冠禮), 가문의 결합이자 가정을 꾸리는 예식인 혼례(婚禮), 인간의 죽음을 애도하는 상례(喪禮), 조상에 대해 경의를 올리는 제례(祭禮)가 그것이다. 이 가운데서도 효가 도덕규범의 기초이자 최우선 가르침이었던 유교사회에서 상과 제는 특히 중요한 의미를 가졌다.

상제는 산 자와 죽은 자의 연결고리로, 죽음을 삶의 끝이나 반대가 아닌 다른 차원의 삶으로 이어주는 역할을 했다. 자손들은 조상에게 발복을 기원하며 자신의 뿌리와 세력을 공고히 하고, 죽은 조상은 자손들의 기억 속에서 이승의 삶을 영속하는 것이다. 이런 추상적인 의미 외에도 상제는 집안 어른의 죽음으로 인한 가족 질서의 위기를 엄격한 상례 절차를 거치면서 혼란을 극복하고, 충격을 최소화하려는 장치이기도 했다. 아울러 문중의 제사가 있을 때면 각지에 흩어져 있는 자손들이 모여 대규모 행사를 치르며 가문의 세를 과시하는 대외적인 행사로서, 가문의 권위와 당위성을 상징했다.

재사건축은 상제의례를 치르기 위한 조선 사대부의 건축이다. 규모와 지역에 따라 재실, 재궁, 재사, 재각 등으로 불리는데, 일상생활이 이루어지는 민가와는 조금 다르게 다양한 형태로 발달되었다. 재사건축을 통해 유교사회에서의 죽음에 대한 인식과 상제의례의 상징적인 의미를 미루어 짐작해볼 수 있다.

장묘와 제사로 대표되는 상제의례는 토지 부족 문제와 사대봉사[1]와 같은 형식들이 현대의 실정과 맞지 않을뿐더러 가부장제의 부정적인 요소 때문에 형식은 간소화되고 그 의미도 퇴색하였다. 하지만 죽음으로 인한 사랑하는 가족과의 이별은 여전히 한 가정의 큰 사건이자 슬픔이고, 남은 사람과 떠난 사람은 서로 연결고리를 갖고자 한다. 달라진 가치관과 생활방식, 정서에 맞춰 오늘의 재사건축을 구현한다면 그것은 어떤 모습일까.

---

1) 四代奉祀: 고조부모, 증조부모, 조부모, 부모님 선대 4대의 제사를 지내는 일.

무중원은 건축주 부부의 묘소와 기념관을 겸한 가족들의 휴식 공간으로 계획된 현대의 재사건축물이다. 전체적인 배치는 조선의 왕릉을, 건물들은 각각 재사 누각과 석굴암을 모티브로 설계하였다.

조선시대 왕릉은 풍수지리를 바탕으로 엄격한 유교 예법에 따라 조성되었다. 진입공간, 제향공간, 능침 공간이 길을 통해 순차적으로 이어지며 축을 이루는 구조다. 무중원은 왕릉의 이 '길과 선'을 차용했다. 입구부터 묘역까지 이어지는 긴 축을 중심으로 전 구역의 동선이 자연스럽게 순환되도록 조성되었다. 완만한 경사의 좁고 기다란 형상의 대지에는 기념관, 기념홀과 묘역, 그리고 야외 정원이 배치되었다. 각 건물은 한 개인을 기리기 위한 공간임을 염두에 두고 휴먼 스케일에 맞춰 주변 풍경과 어우러지도록 규모를 맞췄다.

이곳에서 죽음은 이별이나 삶의 반대 같은 껄끄러운 것이 아니라 삶이라는 산책 끝에 도착한 아늑한 휴식처처럼 느껴지길 의도한 것 같다. 건축주 부부의 호에서 한 자씩 따서 지은 이곳의 이름처럼 사후에도 같은 방향을 바라보게 될 부부는 그들의 자녀, 그리고 지인들이 이별의 슬픔 대신 영원히 함께 화목하기를 꿈꾸는 듯하다.

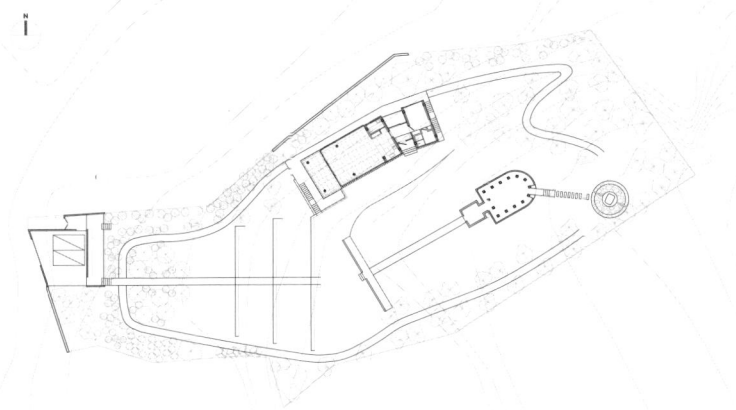

무중원

조선시대 재실의 누각을 현대의 재사건축으로 풀어낸 기념관은 고인을 기리는 전시공간이자 가족 제항공간이다. 3m가량의 단차를 이용하여 1층에는 전시공간, 2층에는 제항공간을 배치했다. 무중원의 건축물 가운데 가장 큰 볼륨을 가진 건물로 영역 안팎에서 주변의 풍경을 헤치지 않도록 배치와 단면을 세심하게 계획했다.

무중헌

전통 재실에서 누마루의 기능과 형태, 그곳에서 바라보는
풍경에 착안해 제향 공간인 마루와 이어진 발코니를 만들었다.
덕분에 마루의 전면과 발코니에 설치된 통창을 통해 안대의
풍경이 가득 들어온다.

244

무중인

무중인

기념관 외부의 콘크리트 루버는 실내 조드와 일조를 조절함과
동시에, 외부에서 내부를 향한 시선을 어느 정도 차단하며
이 공간을 외부 영역의 성격과 분리하는 역할을 한다.
루버의 반복되는 수직선은 주두 부분의 곡선과 대비되며,
정제되고 기하학적인 느낌을 준다.

기념홀은 묘역에 들어가기 전, 고인을 생각하고 추모하는
공간이다. 공간은 진입 순서에 따라 전실과 복도, 홀로 구성
된다. 천장이 없는 높고 좁은 전실에서 하늘을 바라본 뒤,
복도를 지나 넓고 어둑한 공간에 들어왔을 때 공간의
분위기가 드라마틱하게 전이되도록 연출한 것이다.

기념홀 내부는 고요하고 경건한 느낌이 들도록 문이나 창문이 없는 동굴 같은 공간으로 계획했다. 고인돌과 석굴암을 모티브로, 최대한 직사광선을 차단하고 벽을 통해 걸러진 최소한의 빛이 자연스럽게 유입되도록 했다.

무중력

ⓒ 이예슬

오늘의 한옥을 이야기하다

E   한옥의 범주는 어디까지일까요? 한옥의 현대화가 진행되고 있는 오늘날에도 대중들이 막연하게 생각하는 것처럼 나무와 기와지붕으로 만든 전통 가옥이라고 그 정체성을 규정하기에는 너무 모호하고 부족한 것 같아요. 한·중·일 전통 건축과 비교했을 때 한옥만이 갖고있는 고유의 정체성이 무엇인지 분리해내면 좀 더 명확해질까요?

김   이게 간단하게 답할 수 없는 긴 이야기가 될 것 같은데요. 또, 명확한 답을 하기도 어려운 문제인 것 같아요. 다만, 그 질문에 답하기 전에 한옥의 정체성을 찾는 이유가 뭔지 그 이면을 들여다볼 필요는 있어 보이네요. 왜 그토록 한국성을 정의 내리고자 하는 것일까요? 예전에는 일종의 방어였다고 생각해요. 외세가 자꾸 밀려 들어오니까 우리가 이것을 규정하지 않으면 우리의 것이 아무것도 아닌 것 같고 없어질 것 같은 거예요. 그래서 그렇게 규정하는 답들이 나오는 건데, 이제는 그런 이유가 아닌, 다른 답을 찾지 않으면 안 되는 상황이라고 봅니다. 물음의 상황이 바뀌면 답도 달라질 수밖에 없겠죠.

그런 질문은 늘 있어 왔고, 학자들은 그걸 명쾌하게 답을 해주고 싶은 유혹에 빠져요. 만약 누군가 그걸 한 단어로 정의 내렸다면 그건 사기라고 봅니다. 그리고 그렇게 한 단어로 정의할 수 있을 정도라면 한국성이 너무 초라하고 단순하잖아요. 누군가 나를 한 두 마디로 어떻다고 규정해버리면 어떤가요? 굉장히 억울하지 않아요?

모든 질문에는 의도나 배경이 있어요. 그것을 간과한 채 답을 찾는 것은 별 의미가 없죠. 정체성은 보편성과 특수성 맥락에서 설명할 수 있는데요. 20세기 초 식민지 때는 특수성에 국한해서 정체성을 이야기했다면 이제는 보편성으로 폭을 확장시키는 방향으로 가야 될 것 같아요. 예를 들어, 흔히들 한옥에 대해 말할 때 '자연과 친화적이다' '생태적이다' '지속가능하다' 하는 가치들이 어디 한옥만의 가치인가요. 다른 나라의 전통 가옥들도 다 그래요. 그렇다고 이것이 한옥의 특징이 아니라고 할 이유는 전혀 없죠. 전근대 사회에서 벌어졌던 여러 가지 노력과 가치를 재발견하는 일은 늘 해왔잖아요. 그렇다면 이렇게 생각해 보는 것은 어떨까요. 똑같은 한옥의 구조라고 하더라도 그걸 고정된 것으로 보는 게 아니라 역사적, 시공간적 맥락에서 보는 겁니다. 저는 가끔 500년 전에 콘크리트라는 재료가 있었다면 당시 사람들은 이걸로 어떻게 집을 지었을까 생각해봐요. 당시의 재료나 기술은 한정되어 있었지만, 만약 그때 많은 재료가 있었다면 한옥을 어떻게 구현했을까요? 이렇게 범위를 확장해서 생각하면 정체성에 대한 해답을 찾을 수 있을지도 모르겠어요.

개화기 지식인들은 전통과 모던을 대극으로 바라봤어요. 모던이 아닌 것은 다 전통이고, 전통은 바꿔야 될 대상, 고쳐야 될 대상으로 인식했죠. 한옥이라는 말도 양옥이라는 말이 생겨서 비로소 생긴 말이에요. 한복, 한식도 마찬가지로 양복, 양식 같은 서양에서 들어온 새로운 의식주에 대한 상대 개념으로 생긴 거지, 어떤 고유한 정체성을 가지고 생겨난 개념은 아니거든요.

그러다 양식, 양화라고 했을 때 '양'이라고 하는 말이 결국은 받아들여야 될 것, 새로운 것, 좋은 것, 앞으로의 시대를 꾸려 나갈 것, 근대화는 곧 양화 이런 식으로 개념을 잡았죠. 그렇게 일제강점기를 거쳐 근대화를 부르짖던 1960년대까지 그런 사조가 이어진 것 같아요. 여기서 근대화 또는 모더니즘, 모더니제이션이라는 개념이 언제부터인가 하면 굉장히 설도 많고 복잡해지는데요. 자생적 근대라는 측면에서 건축의 근대화는 대략 1960년대로 봅니다. 그전에는 일방적인 양식 건축 수입이었죠.

그러니까 그전까지의 주류 한국 건축가는 기술자이지 건축가라는 개념이 없었어요. 극소수가 있었다고 해도 일본인들이 주도하던 주류에서는 완전히 밀려 있었죠. 당연히 전통이나 한국화에 대해 전혀 관심이 없었을 거예요. 최초로 우리 손으로 근대화를 해야 되는 1960년대 건축가들의 고민이 뭐였냐면 작가성에 관한 것이었어요. 그전까지의 건축에서는 찾기 어려운 개념이었죠. 소위 근대적 건축가란 자아를 가진 건축가를 얘기하는 거지, 기술자들이 아니거든요. 이로 말미암아 자기의 정체성, 자기의 주장 같은 것을 어디서 찾을 것인가 하는 고민이 시작돼요. 서구에서는 도시에서 찾기도 하고 여러 공법에서 찾는다지만, 우리는 그런 수준은 아니라 서구의 방식도 다 받아들이고, 거기에다가 한국성이라고 하는 걸 집어넣을 수밖에 없었던 거죠. 한국성은 그렇게 시작된 거예요. 한국적인 것을 발전시키겠다는 생각보다는 세계적 위치에서 자기의 정체성을 드러내기 위해서 필요한 전략이었죠.

오늘의 한옥을 이야기하다

그렇게 시작된 한국성은 '한옥의 처마'나 '매개적 공간' 같은 다분히 추상화된 개념으로 한옥에 접근해요. 저는 그게 도구적 전통이라고 생각해요. 수단으로 그렇게 규정한 것이지 한국 건축의 진정한 내부에서부터의 접근은 아니었다는 생각이 들거든요. 전통을 찾는 이유가 방어적 태도에서부터 나올 수밖에 없었던 것은 우리의 역사적 상황이고, 그 당시 누구도 거기서 자유로울 수 없었다는 건 인정합니다. 그런데 지금은 경제가 성장하고 문화적 수준과 요구가 높아지면서 많은 실험들이 가능해졌죠.

우리나라 주택의 사례를 보면, 문화주택에서 시작해서 다양한 주택에서 근대화가 진행되다가 아파트에서 정점을 찍어요. 그러고 나서 대형 아파트, 주상복합이 만들어지면서 호텔 같은 집이 등장하는데, 일부 건축가들이 그에 대해서 회의를 갖기 시작합니다. 이거 말고는 더 없을까 하는 한계에 다다른 거죠. 그러다 북촌에 있는 한옥들에 재력가들이 의미를 부여하면서 한옥이 관심을 끌기 시작했어요. 그건 세계화를 어느 정도 이룬 직후에 나오는 현상이에요. 다 해봤더니 우리에게 뭔가 더 필요했던 거죠. 그래서 1960년대에 전통을 찾는 것과는 조금 차원이 다릅니다. 과거에는 다소 방어적이었다면 2000년대 초반에서는 공격적으로 찾기 시작한 거죠.

1960년대 서울시 통계를 보면 서울 시내 한옥이 20만 채 정도로 추정됩니다. 2000년대 초반에 조사했을 때는 그게 2만 채로 줄어요. 그것마저도 원형이 제대로 남아 있는 게 아니라 대부분이 개조된 것들이었고요. 2000년대의 한옥에 대한 사회적 관심은 다분히 상류 문화에서부터 시작이 된 것이었어요. 그래서 서울시도 이걸 중요한 자산으로 인식을 하고, 보존해서 보급을 해야한다는 태도로 전환이 된 거죠. 긴 역사를 놓고 봤을 때 한옥의 정체성 찾기는 이제 겨우 시작 단계에 불과해요.

E 한옥 현대화와 대중화에 있어 보완되어야 할 부분은 어떤 것인가요? 그리고 이에 대해 집공방이 연구하고 제시한 솔루션이 있나요?

김 한옥을 대중화하는 데는 몇 가지 결정적인 문제가 있어요. 첫째는 낮은 용적률인데요. 아파트는 좁은 땅이라도 10여 층이라도 올릴 수 있는데, 한옥은 단층, 기껏해야 2층밖에 지을 수 없으니까 효율이 많이 떨어지죠. 서울처럼 비싼 땅에는 짓기 힘든 태생적 한계를 안고 있어요. 둘째는 건설비도 비싸다는 거예요. 그래서 현재로서는 경제적 여유가 있는 층이 아니면 한옥을 소유하기 어려운 거죠.

지금의 한옥은 명품 건축의 반열에 있어요. 한옥이 일상적 건축의 반열에 있지 못하는 것은 앞서 말한 낮은 효율과 높은 비용 때문인데요. 그렇다고 규격적으로 설계해서 공장에서 대량 생산하는 것도 어려워요. 한옥은 그런 식의 목재 수급이 어렵습니다. 기계로 깎으면 되지 않냐고들 하는데, 이게 우리가 생각하는 한옥의 맛과 멋이 나질 않는 거예요. 우리는 '손맛'이라고 표현하는데, 수가공이 들어가야 비로소 우리가 한옥에서 느끼고자 하는 정취 같은 것들이 느껴지는 거예요.

이런 문제는 비단 한옥뿐만 아니라 근대 시기에 독일에서도 엄청난 논쟁이었어요. 그 유명한 아르누보-독일공작연맹의 논쟁인데요. 내용인즉슨, 업자들이 산업화 시대가 됐으니까 바로크 건축도 다 대량 생산할 수 있다고 한 거예요. 주두의 장식 같은 것들도 제대로라면 돌로 조각해서 넣어야 하는데, 석고로 막 찍어서 붙이면 된다는 거죠. 아르누보는 그것에 대해 수공성이 없다, 작가와 장인 정신이 사라졌다면서 엄청 공격을 해요. 반면, 독일공작연맹은 기계화 시대에는 기계에 맞는 새로운 미학을 창조해야 한다고 주장하며, 산업디자인·공업디자인의 개념을 제시합니다. 그렇게 한동안 치열하게 싸우다가 바우하우스가 새로운 공법이나 새로운

> "지속가능한 생태적 가치, 중첩적인 건축집합적 가치,
> 내외부 공간이 소통하는 공간적 가치 등을 지닌 집. 이러한 추상적
> 가치가 한옥의 장점임에는 분명하지만, 이를 건축적 디자인으로
> 승화시킨 구체적 대안은 그리 많지 않습니다. 더욱 연구하고,
> 실험하고, 개발해야 할 과제예요."

오늘의 한옥을 이야기하다

기술로 가능하다면 과거의 것은 버려야 한다고 해요. 쉽게 말해서 바로크 같은 건 이제 해서는 안 된다는 거죠. 그러면서 건축의 흐름이 바우하우스로 넘어갑니다. 그래서 새로운 재료에 맞는 새로운 디자인의 시대가 열렸는데요. 고민은 여전히 남는 거죠.

한옥도 마찬가지예요. 요즘 같은 시대에 비효율적이고 비싼 이런 집을 짓는 이유가 뭘까요? 여기서 또 한 번 한옥이 갖고 있는 가치가 무엇인가를 물어볼 수밖에 없게 됐네요. 한옥 대중화를 얘기하면서 언급하곤 하는 지금의 북촌 한옥이나 은평한옥마을, 서울시에서 말하는 한옥은 사실 대중이 아니에요. 상류층의 주택들이죠. 예전에 전라도 쪽에서 저가의 보급형 한옥을 지어서 공급한 적이 있었어요. 저비용에 맞추기 위해서 단순한 평면에 기와를 얹는 식으로 대량 생산을 했죠. 지금 어떻게 됐을 것 같아요? 다 슬럼화됐어요. 사람이 살 수 없고 쓸모도 없게 됐죠.

저희가 한옥의 대중화에 있어 가장 고민스러운 부분도 그 지점이에요. 한옥이 꼭 우리 것이어서가 아니라, 하나의 주거 패턴으로 굉장히 좋으니까 보급이 되었으면 좋겠는데 자꾸 한계에 부딪히는 겁니다. 한옥을 고층화하자고 하면 층마다 툇마루와 창호 설치하고 꼭대기에 기와만 얹은 형식일 것 같은데, 그러면 굳이 목구조도 필요 없고… 근데 이게 한옥인가 싶은 거예요. 그래서 요즘은 근본적인 문제를 해결하지 못할 바에는 전략적으로 접근하는 수밖에 없지 않나 하는 생각도 들어요. 예를 들어, 고층 건물의 몇 개 층만을 한옥으로 만든다든가, 건물의 옥상에 짓는다든가, 또는 한옥 전체 공간을 만들기보다는 내부 공간의 요소를 한옥화하는 방법도 있겠죠. 신통치 않다고요?

같은 생각입니다. 그래서 저희가 내린 결론은 다변화를 통해 대처해야 한다는 거예요. 대중화는 대중화대로 진행되는 한편으로 온지음 집공방 같은 명품 시장은 명품 시장대로 그 수가 적더라도 유지하는 거죠.

예를 들면, 우리 옛 창의 아름다운 비례와 디자인의 원형을 살리면서도 단열과 기밀, 방범 등의 기능을 보완한 한식 시스템 창호를 국내 창호 기업과 협업해서 개발했어요. 또, 품질 좋은 마루재는 대체로 수입산이었는데, 그게 바닥 난방을 하는 국내 환경에 맞지 않는 제품들이라 한옥에 어울리면서도 바닥 난방이 가능한 육송 원목 바닥재를 수차례의 시행착오 끝에 직접 개발했습니다.

이런 디테일이 한옥의 현대화를 품격과 연결이 된다고 생각해요.

E   한옥에 대한 대중의 관심과 직접 향유하고자 하는 층이 부쩍 는 것 같습니다. 그런 흐름에 발맞춰 한옥을 개조한 카페나 고급 펜션들의 수도 눈에 띄게 많아졌고, 이런 장소를 찾는 연령대도 확연히 젊어진 것 같아요. 이렇게 높아진 한옥 수요의 이유가 무엇일까요?

김   한옥이 갖고 있는 많은 가치 중에 제가 생각했을 때 가장 큰 가치는 '품격'인 것 같아요. 요즘 사람들이 한옥을 찾는 것에도 그런 이유가 포함되어 있다고 봅니다. 공간이 나의 자존감을 높여주고, 힐링시켜주는 거예요. 그래서 큰돈을 지불하고서라도 한옥 펜션에서 그런 공간을 향유해 보는 것이죠.

특히 MZ로 대표되는 젊은 세대는 문화에 대한 편견이 없는 것 같아요. 경제적 풍요 속에서 성장한 이들은 지구촌의 온갖 정보들 직간접으로 체험하고, 정치적 자유는 이념적 자유로 이어져 반공·반일 등 기성의 편견을 벗어났지요. 일본 애니메이션에 열광한다고 친일이 아니고, 러시아 음악에 심취한다고 사회주의는 아닌 것은 이미 상식입니다. 한식과 한옥에 대한 열광은 "우리 것이 좋은 것이여"라는 1980년대식 국수주의적 이념이 아니라, "좋은 것 중에 우리 것이 있네"라는 보편적 평가에 근거한 취향이라고 봅니다. 획일적인 현대 건축에 비해 특이하고, 인본주의나 생태주의와 같은 현대적 가치에 잘 부합하는 건축으로 여기는 것 아닐까요?

한식을 좋아한다고 삼시 세끼 한식만 먹지 않는 것과 마찬가지로 한옥이 좋다고 자신의 주거를 한옥으로 삼는 것은 아니지요. 현대인, 특히 젊은 층은 일식, 중식, 양식 심지어 태국식, 인도식까지 고루 즐겨요. 마찬가지로 한옥을 영구한 단 하나의 삶의 자리로 생각하지는 않는 것 같습니다. 아파트나 원룸에 살면서 여행 가면 일본식 료칸이나 프랑스의 고성 호텔에서 자는 것이 로망이듯이, 한옥 스테이도 새로운 로망이 된 거죠.

음식은 적은 돈으로 체험할 수 있는 데 비해, 건축은 막대한 비용을 들여야 하고 긴 기간을 소유해야 하는 대상입니다. 보통 사람이 아파트와 한옥, 스위스식 별장을 다 소유하는 것은 불가능합니다. 다양한 건축 체험에 대한 욕구는 영구적 소유가 아니라 일시적 체험이나 향유를 통해서만 가능해요. 예의 한옥 스테이나 샬레

오늘의 한옥을 이야기하다

스타일 펜션 체험 등이죠. 이는 시간적 분할 점유라고 할 수 있어요. 하루 살기, 보름 살기, 길게는 한 달 살기 등 일정 시간만 체험하는 것이죠. 시간 분할 점유는 한두 번의 향유로 끝날 위험을 내포하고 있습니다. 시간 분할은 호기심에서 출발하는 경우가 많기에 지속적인 재향유를 기대하기 어렵지요.

새로운 가능성은 공간 분할 소유에서 찾을 수 있을 것 같습니다. 한옥을 온전히 가질 수 없다면, 한옥의 한 부분, 즉 한식 인테리어를 갖춘 방 하나를 갖는 방법입니다. 물론 건물의 구조와 외관은 그대로 두고 내부 전체를 한식으로 바꾸는 것도 포함합니다. 좀 더 소극적으로는 의자나 책꽂이, 조명기구 같은 소품을 한식 가구로 소유하는 방법입니다. 그러나 한식 가구 디자인은 아주 초보적인 단계라고 할 수 있습니다. 갖고 싶을 만큼 매력적인 한식 가구는 아직 없는 것이 매우 아쉽습니다.

E 요즘 미디어를 통해 한국에 거주하면서 한옥의 매력에 빠져 직접 한옥에 살기도 하고, 홍보도 하는 외국인들을 종종 볼 수 있는데요. 조금 생경하면서도 반갑고 한편으로는 K문화가 전 서계적으로 주목받고 있는 이 시기를 모멘텀으로 한옥의 세계화에 대해서도 생각해 볼 수 있지 않나 싶었어요. 가능하지 않을까요?

김 2021년 유엔무역개발기구는 한국을 개발도상국이 아닌 선진국으로 공식 인정했습니다. 이 기구는 전 세계 195개 회원국을 아시아-아프리카, 중남미, 러시아-동유럽, 그리고 선진국의 4그룹으로 분류합니다. 한국은 가입 이후 줄곧 아시아-아프리카 그룹에 속했으나, 이제는 특정 지역 국가가 아닌 범지구적 선진국의 지위를 갖게 된 것이죠.

이 대담의 서두에서 한국성의 정의는 질문의 배경에 따라 달라질 수밖에 없다고 했듯이, 한국 문화의 역할은 한국의 국제적 위상에 따라 달라져야 합니다. 한옥의 세계화를 논할 때 꼭 필요한 배경적 시각인데요. 선진국은 경제뿐 아니라 세계 문화를 선도해나갈 책임을 져야 해요. 지역 문화로서 한국 문화가 아니라 세계 문화로서 한국 문화를 발전시킬 의무가 있다는 말이기도 합니다. 다시 말해서 세계 문화의 다양성을 높이고 질을 높이는 데 한국 문화가 기여해야 한다는 것이죠.

한옥의 세계화란 전 세계인들이 한옥에 살아야 한다는 말이 아닙니다. 세계의 많은 건축 형식 가운데 하나로 한옥이 자리 잡아야 한다는 걸 의미합니다.

료칸은 일본에서 발생했지만 고급 온천 숙박 형식의 하나가 되어 세계 곳곳에 보급되고 있습니다. 샬레는 원래 스위스 고산지대의 농가 주택이었지만, 유럽에서는 산장 형식이나 도시의 경사지붕 단독 주택을 일컫는 전 유럽적인 건축 형식이 되었습니다. 한옥은 어떤 건축 형식으로 세계 건축계에 위치할까요? 지속가능한 생태적 가치, 중첩적인 건축집합적 가치, 내외부 공간이 소통하는 공간적 가치 등을 지닌 집. 물론 현대의 삶을 담기에 충분한 기능과 설비는 기본으로 갖추어야죠. 이러한 추상적 가치가 한옥의 장점임에는 분명하지만, 이를 건축적 디자인으로 승화시킨 구체적 대안은 그리 많지 않습니다. 더욱 연구하고, 실험하고, 개발해야 할 과제예요. 자재 연구를 비롯해 조명이나 가구, 안전 설비까지 온지음 한옥도 궁극적으로 이 목표를 향해 여러 시도를 하며 연구를 진행하고 있습니다.

은지음 집공방의 한옥에 숨은 기술들

은지음 집공방은 전통 한옥의 단점을 보완하고, 더 나은 현대 한옥 주거 문화를 위해 독자적인 연구와 개발을 진행하고 있다. 이렇게 개발된 기술들과 노하우는 은지음 집공방이 만드는 한옥 곳곳에 적용되어, 한옥 고유의 아름다움을 지키면서도 편리와 안전, 미감, 제작향이 업그레이드된 '오늘의 한옥'을 제시한다. (에서는 인혜원의 해부도감)

그래픽 제작: 은지음 집공방

258

남북

③ 벽

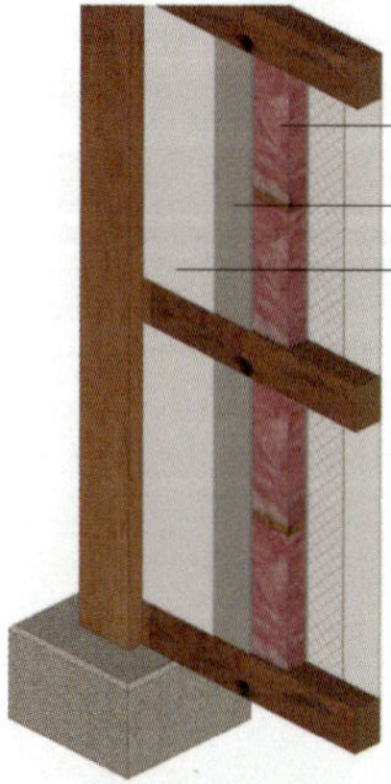

단열재 및 각종 설비배관
석고보드 및 방수시트
화이지장

(은지음)

각재 및 목재 엮기
흙바르기
화이지장

(전통)

② 마루

육송집성마루 (특수제작 마루)
구조합판
황토몰탈
온수난방
경량기포콘크리트

(은지음)

강화마루
시멘트몰탈
온수난방
경량기포콘크리트

(일반 현대 한옥)

① 바닥

육송집성마루+합판
황토몰탈+온수난방
경량기포콘크리트
EPS 블록
철근콘크리트 기초

(은지음)

육송마루
흙다짐
잡석다짐

(전통)

① 기단은 현대 건축과 마찬가지로 철근콘크리트로 기초를 단단히 하고, 기단 바닥도 전통적으로 사용하던 소재 외에도 오석 등 어느 한옥에 잘 사용되지 않지만 한옥에 잘 어울리는 새로운 재료를 발굴해 사용했다.

② 기존 한옥의 마루 하부는 빈 공간으로, 단열이나 방풍이 되지 않아 겨울철 마루는 유독 강기가 심상이다. 이 점을 보완하기 위해 기성 강화마루 대신 한옥 구조재와 동일한 육송 원목을 얇게 켜낸 특수 제작 마루에 난방이 가능한 바닥 시스템을 개발했다. 마루 하부는 단열과 각종 설비 공간으로 활용했다.

③ 전통 한옥의 벽체는 기둥과 기둥 사이에 각재를 세우고, 대나무나 갈대 등 엮은 목재를 각재 위에 엮어 벽 바탕을 만든 뒤 흙을 바른다. 전통 벽체 고유의 벽 두께와 마감을 유지한 채 내부에 단열재와 각종 전기, 통신, 기계 등 각종 설비와 배관을 함께 설치했다.

④ 문틀 위에 창호지를 발라 단열과 기밀 성능이 떨어지는 전통 창호는 근대기에 분틀에 난방부위를 끼워 사용하기도 했으나 여전히 성능이 떨어졌다. 이건창호와 협업하여 개발한 한식 시스템 창호는 현대적인 시스템 창호와 동일한 단열 및 기밀 성능과 함께 옛 창의 비례를 그대로 살린 한옥과 현대 건축물에 두루 어울리도록 디자인되었다.

⑤ 전통 한옥에서 지붕은 개판 위에 적심을 얹고 강회와 보토를 다져 채워 넣고 기와를 얹는 방식으로 만들어진다. 단열이나 방수 성능이 오늘날 기준에는 미치지 못하므로, 흙이 채워져 있는 지붕 사이 공간을 활용해서 오늘날 생활과 건축법규 기준에 맞도록 단열과 방수, 그리고 전기, 소방 등이 각종 설비 배관을 설치했다.

⑤ 지붕

기와
보토
적심
방수시트
합판
단열재
각종 설비배관
개판
서까래

(은지음)

기와
보토
적심
개판
서까래

(전통)

④ 창호

창호지
시스템 문틀
로이복층유리
창살

(은지음)

창호지
문틀
창살
부록

(전통)

⑦ 화방벽

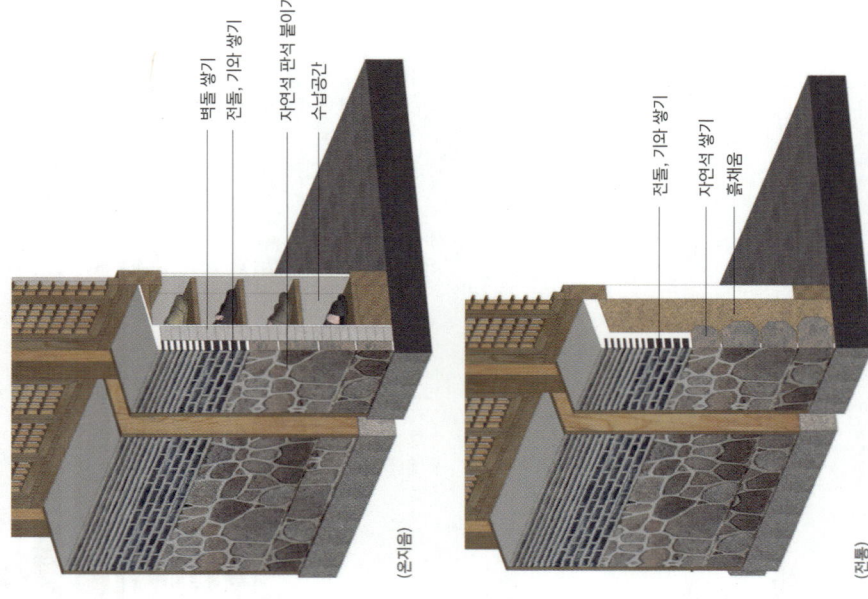

- 벽돌 쌓기
- 전돌, 기와 쌓기
- 자연석 판석 붙이기
- 수납공간

(은지음)

- 전돌, 기와 쌓기
- 자연석 쌓기
- 흙채움

(전통)

⑥ 천장

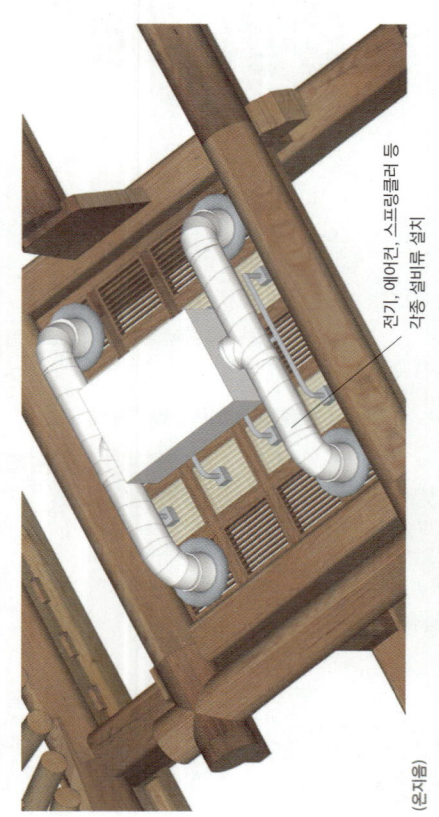

전기, 에어컨, 스프링클러 등 각종 설비류 설치

(은지음)

지붕 상부구조를 가려주는 역할

(전통)

⑥ 성부 구조를 가리고, 조각이나 단청 등을 덧대어 장식적인 역할을 하는 전통 한옥의 우물반자에 조명, 전기, 에어컨, 스프링클러 등 설비기계를 설치했다. 그리고 천판 대신 가는 살로 마감해, 설비가 보이지 않도록 가리되 기능하는 데 방해가 되지 않도록 만들었다.

⑦ 회방벽은 기둥 바깥으로 돌이나 흙으로 두텁게 채운 벽을 쌓아 화재와 빗물로부터 건물을 보호하는 동시에 외부 입면을 장식하는 역할을 한다. 돌이나 흙 대신 벽체 안에 공간을 확보해서 이 공간을 수납 및 설비 공간으로 활용할 수 있게 만들었다.

⑧ 옛 궁궐이나 사찰, 서애루 등가의 도식화된 합각 장식 대신, 건물의 용도, 건축주, 상징성 등을 고려해, 직접 디자인한 합각 장식을 적용한다.

⑧ 합각

(은지음)

은지음 집공방의 한옥에 쓰이는 자재들

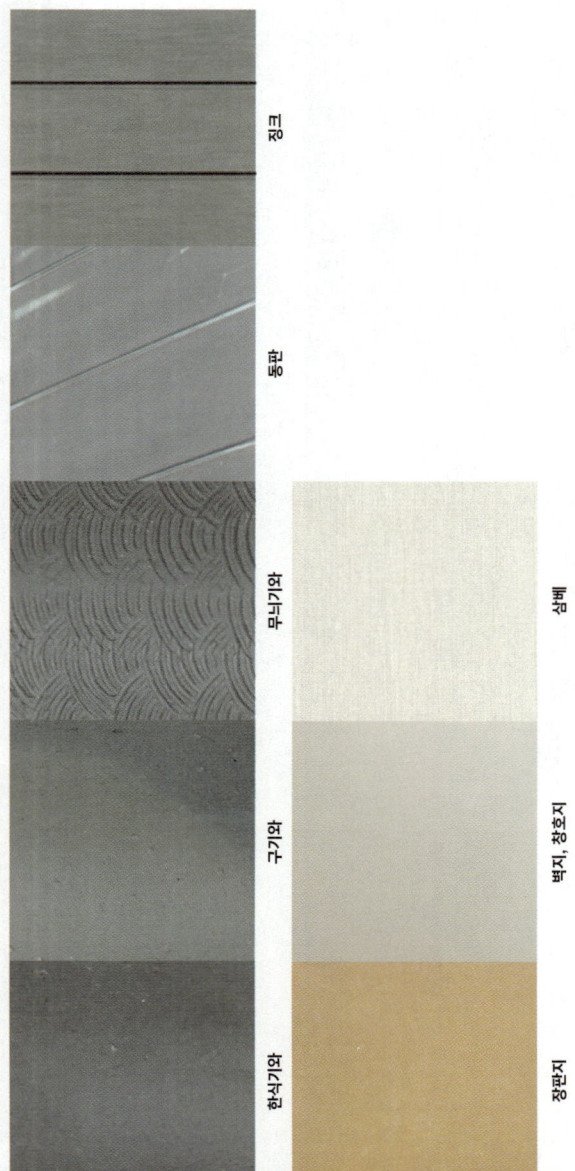

동크
동판
무늬기와
구기와
한식기와

삼베
벽지, 창호지
장판지

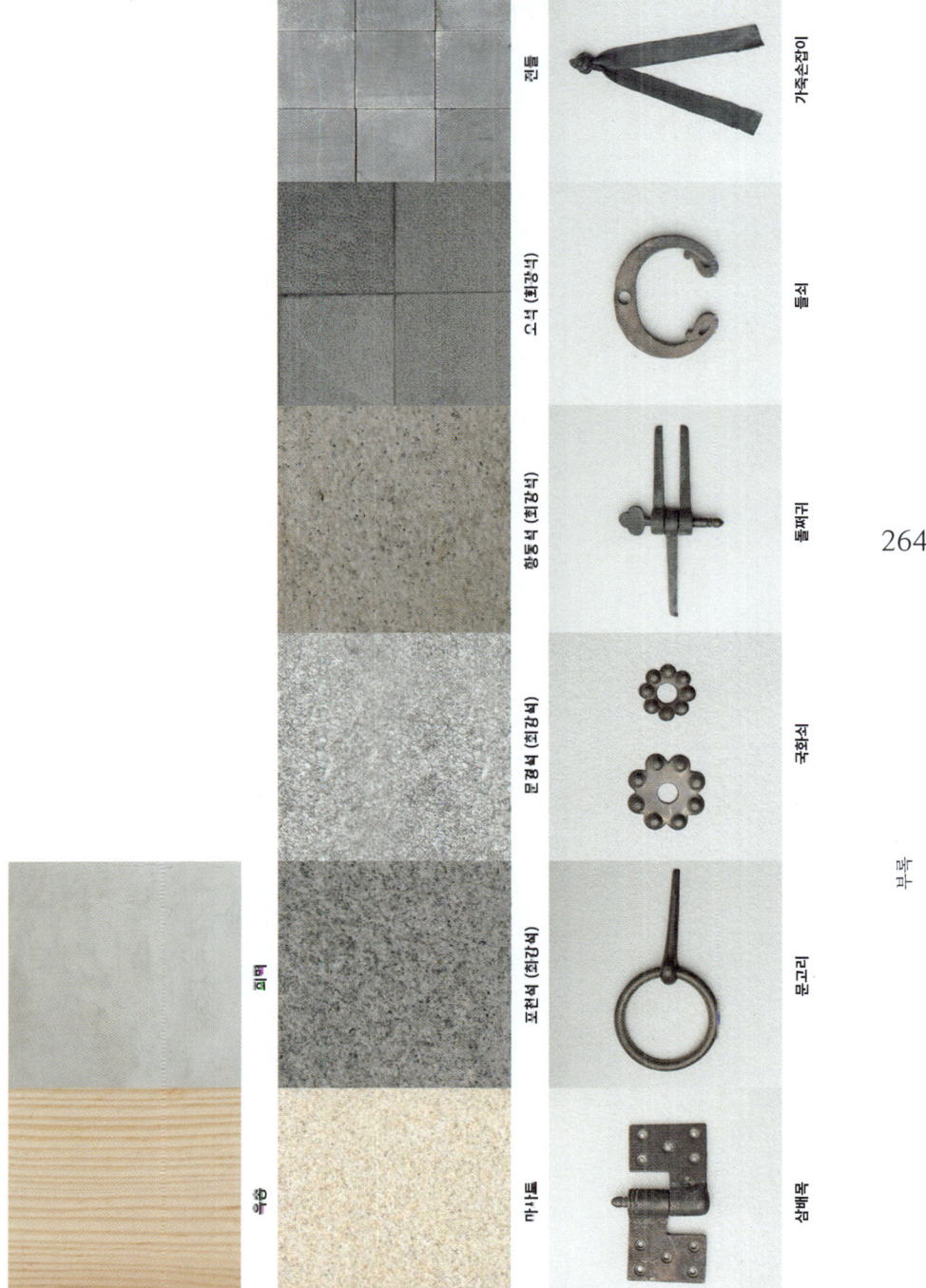

부록

인덱스

반계 운용헐 별서 (2010)
협력설계: ㈜삼아성건축
Samasung Architects
Page 71-90

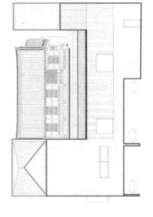

아름지기 사옥 한옥 (2013)
협력설계: M.A.R.U
Page 115-132

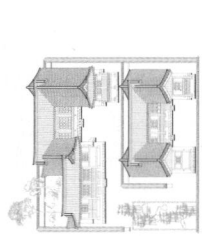

현대종근당 영빈관 (2008)
협력설계: 삼풍종합건축
Sampoong Design Group
Page 133-150

경주 배동 한옥 (2013)
Page 9-32

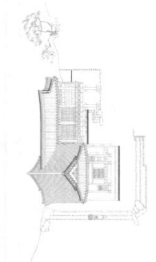

화동재 (2007)
협력설계: 삼풍종합건축
Sampoong Design Group
Page 51-64

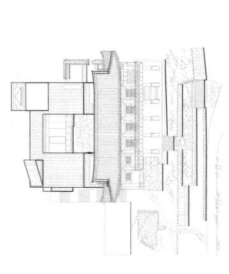

정원재사 (2010)
협력설계: ㈜노바건축
studio NOVA
Page 223-236

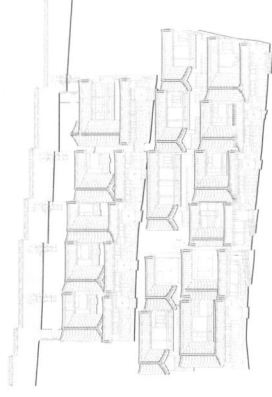

돈의문박물관마을 한옥 유스호스텔 (2016)
Page 157-172

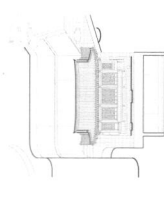

워불교 원남교당 익해원 (2022)
협력설계: MASS STUDIES
Page 205-222

피츠버그대학 배움의 전당 내 한국관 (2015)
협력설계: 협동원건축
laboratory of architecture hyupgondone
Page 187-198

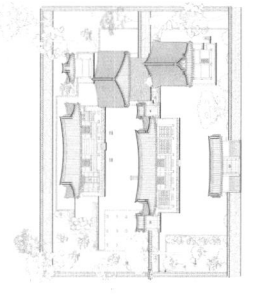

만우 조총제 생가 (2017)
Page 91-108

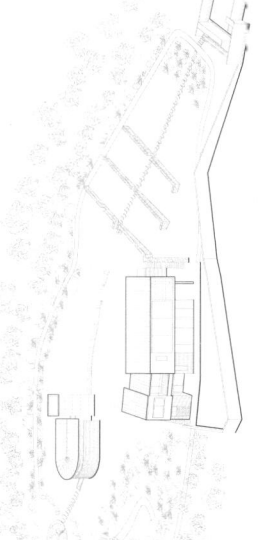

무중원 (2023)
Page 237-250

266

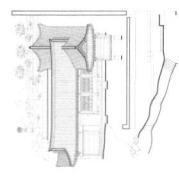

돈락당 (2013)
협력설계: 원오원 아키텍츠
ONE O ONE architects
Page 33-50

한국궁중꽃박물관 비해당 (2016)
Page 173-186

인덱스

오늘이 깃든 한옥

초판	2쇄 발행 2024년 9월 25일
	1쇄 발행 2023년 5월 19일
펴낸곳	(재)중앙화동재단 부설 전통문화연구소 온지음
펴낸이	홍정현
주소	서울시 종로구 효자로 49
전화	02-725-6613
홈페이지	www.onjium.org
지은이	온지음 집공방 ㅣ 김봉렬, 박채원, 이재오, 이예은, 송상은
진행	온지음 기획실 ㅣ 구본희
편집	김희선
사진	이종근 Guruvisual, Inc. (외 본문 내 별도 표기)
디자인	고와서
도움주신분	송명희, 박주현, 황태일, 정소이, 구은진, 재단법인 아름지기
제작	중앙일보에스㈜
등록	2008년 1월 25일 제2014-000178호
주소	서울시 마포구 상암산로 48-6, 12층
문의	jbooks@joongang.co.kr

ISBN   978-89-278-7979-4 (03540)

Copyright ⓒ중앙화동재단 부설 전통문화연구소 은지음, 2023.
신저작권법에 의해 한국 내에서 보호를 받는 저작물이므로 글과 사진의 무단 전재와
복제를 금합니다. 책 내용의 전부 또는 일부를 이용하려면 반드시 저작권자와
중앙일보에스㈜의 서면 동의를 받아야 합니다.

잘못된 책은 구입한 곳에서 바꿔 드립니다.

책값은 뒤표지에 있습니다.